樂果文化

要治癌自療
腫瘤病人的自家療養
癌瘤來襲，你所能依靠的——
醫生？科技？藥劑？還是儀器？
李岩、李志剛——編著

自序

自從一九九六年首度來台灣訪問，與台灣醫界同行就腫瘤與中西醫學結合進行癌症治療項目學術交流以來，我已多次接受台灣醫界同行之邀請，來台在彰化秀傳醫院，慈濟大學中醫學系等單位，就中西醫結合癌症治療交換做此經驗與心得，頗收教學相長之益處。

台灣真不愧其「寶島」之稱呼，人民相當友善、熱情、樂天知命，各地之名產小吃甚為豐富，身居寶島真有「口福」也。我數度駐台期間，除了忙碌於學術交流工作之餘，亦有幸在台灣友人陪同之下，在台灣各地走走，藉機了解台灣人樸素的生活百態，更品嚐各地的名產及小吃，調劑了我因工作帶來的疲憊。雖然我已年紀八旬，但仍很喜歡來台灣作學術交流，更喜歡在台灣各地串門走戶，體會台灣人的熱情。

近日，據台灣行政院衛生署公佈二〇一一年台灣十大死亡病因，癌症已三十年高居台灣人死亡首位，占總死亡人數之廿八％（死亡人數四萬二千五百五十九人），其中肺癌、肝癌、大腸癌分居癌症死亡前三名（分別死亡八千五百四十一人、八千零二十二人、四千九百二十一人），共死亡二萬一千四百八十四人，高居癌症死亡總人數的五〇．四八％。

然而癌症雖已成為世界上許多國家的第一死因，卻不是「絕症」。根據我行醫半世紀的經驗，其原則是：「無癌早防；有癌早治；治療徹底、預防復發和轉移。」

本系列叢書在台灣出版，希望能為台灣患者帶來實質上的幫助，並感謝樂果文化及台灣友人的辛勞。

李岩　二〇一二年六月

作者介紹

李岩研究員、教授、主任醫師，祖籍山東，生於一九三一年。學生出身，一九五二年畢業於西醫學校，做過五年外科醫生。一九五六年考入北京中醫醫院，一九六二年畢業，先後在北京中醫醫院、北京醫科大學腫瘤研究所從事腫瘤防治研究工作。一九八四年被聘為中日友好醫院副院長兼老年病科主任，同時出任中國抗癌協會傳統醫學會副秘書長、國際癌症康復協會常務理事、日本帶津三敬病院顧問、新加坡中醫學院客卿教授。現任香港海外中醫藥研究所所長、廣東岩龍腫瘤防治研究所所長，並在廣州中山醫科大學孫逸仙紀念醫院進行中國南方高發腫瘤考察及防治研究工作。

李岩教授在他四十餘年的醫學生涯中，積累了豐富的實踐經驗，一九八〇年寫成中國第一腫瘤專著《腫瘤臨證備要》和《腫瘤病人自家療養》，被日本京都雄渾出版社譯成日文版本。之後，在國內外發表論文五十餘篇，譯文二十餘篇，專著與合著十五部，共撰寫一百萬餘言。一九九二年由南海出版公司出版他與學生寫的《腫瘤預防治療保健》一書，具有中國傳統醫學特點的詩歌形式。一九九六年在台灣一橋出版社出版《李岩腫瘤驗方選》（又名《中華中草藥治癌全集》）一套三卷五十餘萬字，受到國內外讀者歡迎。

一九八六年他以中藥複方對肝癌的臨床與實驗研究為題，中選於中國衛生部重點科研項目，並招收由國家教委分配的碩士研究生。

近年來，他以改革精神提出醫、藥、研、教四結合的中西醫結合腫瘤防治研究方案，並沒立相應的醫療、製藥、研究、教學四位一體的統一管理機構，探索中華醫學防治腫瘤的新途徑，走出具有中國特色的中西醫結合腫瘤防治研究道路。體現他對學生教導的：「抗癌之道修遠兮，吾將內外而求索，有朝腫瘤攻克兮，人類壽命得延長。」

李志剛，北京人，生於一九五四年，高年主治醫師。出身於三代中醫世家，自幼秉承家教，耳濡目染岐黃之術、仲景之學，早年即有懸壺提漿，濟世活人志向。

曾先後畢業於北京職工醫學院中醫專業、北京醫科大學醫療系，還曾留學日本受聘於日本東洋醫學研究所任客座研究員，奠定了匯通中西醫學的理論基礎。

臨床醫療方面，曾先後在北京鼓樓中醫院、中國醫學科學院整型外科醫院任中醫師和西醫師，還曾在日本京都帶津敬三病院任中醫藥交流醫師，累積了較豐富的臨床醫療實踐經驗。近年又被中國著名腫瘤專家（原北京中日友好醫院業務副院長）李岩教授收為入室弟子，研究中西醫結合防治腫瘤有效方藥。

曾主編《民國時期總書目。醫藥衛生分冊》、《中國養生箴言集》，參加編寫了《腫瘤臨症備要》等著作。

目錄

第二章　腫瘤病人自家療養／37

第三章　具有民族特點的保健方法／93

第四章　常見腫瘤病人自家療養須知／251

第一章　腫瘤病的一般常識

腫瘤是一種多發、常見的疾病，對人民的健康和生命威脅很大。據統計，目前全世界每年因癌症死亡的達五百萬人以上，而且發病率有不斷上升的趨勢。如美國在一九四七年每十萬人口中有二八〇人患有癌症，到一九六九年已增到三〇四人，目前每年新發現的癌症患者達六一萬五千人之多。據一九七六年統計，美國每天有一千人死於癌症。在日本，一九七一年因癌症死亡的人數達十二萬，超過歷史最高水平。在前蘇聯，癌的發病率一九六二年為每十萬人口中有一四七·二人患有癌症（不包括淋巴系統與血液系統惡性腫瘤），到一九七三年，每十萬人口中有一八六·七人患有癌症。

根據中國近年來的初步調查的結果表明，城鄉每十萬人口中有一百人患有惡性腫瘤。近年來，由於許多嚴重威脅人民生命、健康的烈性傳染病得到控制，因而在各種疾病中腫瘤的發病開始上升到突出的地位。以北京市為例，一九四九年初在居民死亡原因中，腫瘤排在第十位以後；一九五一年為第九位；一九五六年上升為第五位；自從一九六三年以後，即列為各種死亡原因的第一、二位了。

第一節　腫瘤的發病與轉歸

腫瘤分良性與惡性兩大類。其中惡性腫瘤對人體危害較大，因而是目前研究攻克的主要對象。惡性腫瘤是人體的組織、細胞異常增生所形成的一種新生物。這種新生物與正常組織、細胞截然不同。它的特點是不按正常規律生長，往往有它特殊的新陳代謝。由於它生長迅速，分化不良，因而可以破壞正常組織器官的結構，並影響其功能，還可以通過血液或淋巴循環轉移到腦、肺、肝等一些重要器官。如不及時治療，可危及生命。但也有極少數腫瘤病人帶病延年，甚至自行消退。

腫瘤發病原因，目前正在研究，尚未十分明瞭。但大量的臨床和實驗資料表明，許多因素與惡性腫瘤的發病有密切關係。

一、腫瘤發病內部因素

㈠中樞神經系統的影響

中樞神經系統的機能狀態可影響腫瘤的發生與發展。臨床可以觀察到一些腫瘤患者起病前常有精神創傷。實驗工作也證明，實驗性神經官能症的動物，腫瘤發病率高，發生得早，生長也快。中國傳統醫學也認爲腫瘤形成與情志抑鬱有關。如《婦人大全良方》說：「肝脾鬱怒，氣血虧損，名曰乳岩。」

㈡內分泌紊亂的影響

內分泌紊亂對某些腫瘤的發展、發展有一定的作用。臨床上觀察到有些長期服用乙烯雌酚者發生了乳腺癌；也有的女性乳腺癌症病人（60歲以下者）用男性激素治療，或用雌激素（60歲以上者）治療，均可減輕症狀。前列腺癌用雌激素治療和某些甲狀腺癌用甲狀腺素治療均見到效果。從動物實驗中也得到類似的結果。

㈢免疫功能的影響

機體的免疫功能在腫瘤的發生、發展中占有重要地位。在臨床實踐中，許多事實證明，人體對腫瘤確有免疫能力。如個別病人患的神經母細胞瘤、黑色素瘤、絨毛膜上皮癌和腎癌能夠自行消退，還有不少病人可以長期帶瘤生存而不惡化，這都說明機體對腫瘤有一定的抵抗能力。當機體的免疫功能受到抑制或損傷，腫瘤的發生率高，生長亦快，並容易轉移。中國傳統醫學認為腫瘤形成與正氣虛有關。如《醫宗必讀》說：「積之成也，正氣不足而後邪氣踞之。」

㈣遺傳因素的影響

遺傳因素對人類腫瘤的影響問題，目前尚未確定。但是，臨床觀察到有些腫瘤具有家族性傾向。乳腺癌的病人母系親屬中患乳腺癌較多。胃癌病人的近系親屬中，胃癌的發病率也較一般人高。中國食道癌高發區也有類似現象，有的家族中有幾個食道癌患者，且以父系為多。如有一家族九代人中有五十六人死於食道癌。動物腫瘤遺傳問題已較明確。目前已培育出許多「高癌系」或「低癌系」動物家族。

二、腫瘤發病外部因素

㈠化學致癌因素

已知煤焦油、瀝青、石蠟油等物質中含有的多環碳氫化合物，三、四苯併芘有致癌作用。香菸中也含有這些化合物。一些無機物如砷化物、鉻、鎳、石棉等也有致癌性。廣布於自然界的亞硝胺類化合物（在腌製過的魚、肉中含量較高）和偶氮染料中的β－萘胺也有致癌作用。

㈡物理致癌因素

物理致癌因素包括灼熱、機械性刺激、創傷、紫外線、放射線等。如反覆燙傷、燒傷可以引起皮膚癌。如中國西北地區，好發髖部的「炕癌」，說明體表摩擦部位易發生皮膚癌。黑痣可惡變成黑色素瘤，義齒及齲齒易引起口腔粘膜癌及唇癌。受到大劑量放射線照射也可引起腫瘤。如在日本廣島原子彈爆炸區，白血病發病率明顯高於其地區。動物實驗也證明，給予一次大劑量放射線照射，常誘發白血病，而長期小劑量照射則可誘發其他惡性腫瘤。這都屬於物理致癌因素造成的惡果。

㈢生物致癌因素

1.**病毒**　已證明有三十多種動物的腫瘤是由病毒引起的。近來發現人類的某些腫瘤可能與病毒有關。如在非洲兒童淋巴瘤、鼻咽癌、乳腺癌、白血病、宮頸癌及肉瘤中均可找到病毒。但是，病毒在人類腫瘤發生過程中究竟是致癌物質還是輔助致癌物，或是偶然的併存者?還有待進一步研究確定。

2.**霉菌毒素**　動物實證證明，黃曲霉毒素可誘發多種腫瘤。黃曲霉菌往往於花生、棉子、大豆、玉米、小米以及小麥中寄生繁殖。目前認為人類肝癌可能與之有關。如已發現某一地區食物中黃曲霉毒素含量高，該地區肝癌病人也多的現象。

3.**寄生蟲**　某些寄生蟲可能與腫瘤發病有一定關係。如肝吸蟲患者常發生膽管癌；埃及血吸蟲病人常發生膀胱癌；中國浙江省嘉善縣的調查資料表明，日本血吸蟲病可能與結腸癌、直腸癌發病有關。

還有一些良性腫瘤和慢性疾患日久不癒，逐漸癌變成為惡性腫瘤，也是不可忽視的因素。

然而，盡管上述多種因素可以致癌，但是，任何單純的外因一般都不會引起腫瘤，必須通過內因才起作用。因此說，腫瘤發病是「綜合因素」的作用，既有局部因素，又有全身因素。

三、腫瘤的生長

腫瘤一旦形成之後，腫瘤細胞不斷地分裂、繁殖，繼續生長。腫瘤生長方式基本上分爲以下三種：

1.**膨脹性生長**　腫瘤細胞群集在一處，不斷增大，而周圍的正常細胞因受腫瘤壓迫而萎縮。我們無論用肉眼或在顯微鏡下觀察，都可以看到腫瘤組織的四周有由纖維組織形成的一個完整的包膜。良性腫瘤一般都以這種方式生長。

2.**浸潤性生長**　腫瘤細胞分散而浸入正常組織或細胞間隙之中，日益蔓延，腫瘤也逐漸擴大。這時無論用肉眼或從顯微鏡下觀察，都可以看到腫瘤與正常組織之間界限不清，腫瘤周圍沒有纖維組織形成的完整包膜。惡性腫瘤多以這種形式生長。

3.**外生性生長**　某些發生在皮膚或粘膜上的腫瘤，常向體表或體腔生長，形成突起的腫物。良性、惡性腫瘤均可以這種方式生長，但良性腫瘤不擴散，而惡性腫瘤除了由發生腫瘤的部位連續不斷地從組織間隙浸入鄰近的組織和器官以外，還可以通過不同的途徑播散到淋巴結或體內其他臟器與組織裡邊去，醫學上把這種現象叫做「轉移」。

四、腫瘤轉移的途徑

1. **淋巴道轉移**　腫瘤細胞通過淋巴管，由淋巴液帶到淋巴結。如乳腺癌首先轉移到腋窩淋巴結；陰莖癌首先轉移到腹股溝淋巴結。淋巴結可以完全被腫瘤所代替而失去原有結構，所以臨床上常取淋巴結作活檢進行診斷，就是這個道理。

2. **血道轉移**　脫落的腫瘤細胞侵入血管，通過血液循環帶至全身任何組織或器官繼續生長。例如骨頭上的惡性腫瘤常通過血道轉移到肺，甚至造成多處播散轉移。

3. **種植性轉移**　發生在內臟的惡性腫瘤，當瘤組織已發展到該臟器的最外層，即漿膜層以後，瘤組織脫落到鄰近或較遠處的漿膜上繼續生長。例如臨床常見胃癌的癌細胞脫落後粘附在膀胱和直腸之間的膀胱直腸窩處繼續生長。

五、腫瘤結局

1. 腫瘤未得到早期發現和治療，或者治療無效，腫瘤本身按著它固有的發生、發展規律生長，最後破壞機體的組織、器官以及遠處轉移，耗傷機體免疫功能，終於使宿主衰竭死亡。

2.腫瘤如果能得到早期發現、早期診斷、合理治療，病人並積極配合，很多可以得到治癒，照常參加各項工作。

3.腫瘤病人由於各種條件所限，發現較晚，治療不當，配合不力，失去根治機會或者近期治癒，遠期復發。其中有一部分病人的腫瘤受到控制或進展較慢，僅局限在身體某處而未危及生命，病人長期帶瘤生存，這也是一種轉歸類型。這種病例越來越多。

第二節　腫瘤的治療和預防

一、腫瘤的治療

腫瘤的治療問題，隨著科學的發展，治療方法也越來越多。現有外科手術治療、化學藥物治療、放射治療、鐳射治療、免疫治療、中醫中藥治療、針灸治療、自家療養等許多治療方法，使腫瘤治療不斷發展，死亡率不斷下降。如中國一九四九年前婦女絨毛膜上皮癌死亡率達八九・二五%，一九四九年後死亡率下降至二九・二%；有些肺轉移和腦、肝、腎轉移的晚期病人也可治癒；急性淋巴細胞白血病通過藥物治療，也有一部分病人獲得治癒。中國治療腫瘤開展了西醫、中醫、中西醫結合的綜合治療方法，使常見腫瘤五年生存率有明顯提高。如有的地區早期宮頸癌五年生存率達九四・三~一〇〇%；早期食道癌九〇%；早期乳腺癌達八一．四％；早期鼻咽癌達七八．七％，早期絨毛膜上皮癌達九〇％。以上事實有力地說明了癌症不是「絕症」、「不治之症」。經驗證明：治療越早，配合越好，療效越高。

二、腫瘤的預防

腫瘤的預防原則應該是：無癌早防；有癌早治；治療後預防復發。

㈠無癌早防

講究衛生，增強體質，是預防一切疾病的重要方法，腫癌也不例外。特別是在日常生活中應注意與腫瘤發生有關的一些問題。比如少吃過燙食物，細嚼慢咽，少吃刺激性飲食，對預防食道癌和胃癌有一定意義；節制菸酒，對預防口腔癌、喉癌、胃癌、肺癌有一定意義；計劃生育對預防宮頸癌有一定意義；切除過長的包皮對預防陰莖癌有意義；注意口腔衛生，避免齲齒、假牙刺激，對預防牙齦癌和舌癌有意義；消滅血吸蟲病對預防因血吸蟲及其蟲卵沉積所引起的直腸癌和肺癌有意義。

另外，消除或減少可能引起腫瘤的病，如避免自然環境污染，少與致癌因素接觸，改善內外環境，對預防腫瘤十分重要。

及時治療癌前期病變也是重要的措施，如積極治療粘膜白斑，是預防口腔、外陰、子宮頸癌的有力措施；手術切除黑痣及乳頭狀瘤，是防治惡變的必要措施；早期治療胃、腸息肉及萎縮性胃炎和胃潰瘍是預防胃、腸癌的有效方法；密切觀察和正確治療乳腺病及乳腺導管乳頭狀瘤，是預防乳腺癌的好方法。有了癌前病變，如能及時徹底治療，是可以避免發生惡變的。此外，這些慢性疾病演變成癌與機體內因關係極爲密切，因此，有了癌前期病變，一面積極治療，一面積極改善機體條件，是有可能消除癌變的。

㈡有癌早治

一旦發現腫瘤，病人要盡早進行合理治療。如胃癌、乳腺癌盡快手術；鼻咽癌、宮頸癌放射治療；白血病、骨髓瘤化學治療。同時都可合用中醫中藥和針灸療法，以增強病人的抵抗力，減少治療副作用。與此同時，病人本身需要積極配合，調整飲食，加強營養，鍛練意志，增強信心，輔助氣功療法，提高免疫功能，爭取將腫瘤消滅在局部，並預防擴散。治療腫瘤主要依靠醫生，然而病人的配合也是不可缺少的一個方面。

㈢預防復發

腫瘤病人無論根治術還是姑息療法，都要注意改善病人體質，增強免疫功能，預防腫瘤復發。這是個長期的戰略任務，不可掉以輕心，等閒視之。爲預防復發，腫瘤病人進行正確的自家療養以配合醫生治療，是很重要的。

第二章　腫瘤病人自家療養

診斷和治療腫瘤，主要依靠醫生進行科學的檢查，合理的治療。但是家屬的照顧和病人的療養也是不可缺少的組成部分，如何把這兩方面有機地結合起來，決定著腫瘤病人近期和遠期的療效。因此，本章著重論述自家療的意義、要求和措施。

第一節 腫瘤病人自家療養的意義

自家療養主要指腫瘤病人本身如何正確認識疾病，了解其發展規律，利用醫院和家庭條件，遵照醫囑進行自我鍛練。首先，鍛練思想，改善精神生活，樹立必勝信心，以堅韌不拔的精神和頑強的毅力，活動全身健康部分的有關肌肉、骨骼、臟腑，改善血液循環和末梢營養，從而提高機體功能，產生對癌的抵抗力，控制或消除病變，爭取最後戰勝腫瘤。這是將「整體帶局部」的原則應用在腫瘤病的防治上。腫瘤病人手術局部受到損傷，必然引起局部組織結構變化。如胃腸腫瘤手術後，有的病人產生吻合口狹窄、逆流、炎症、粘連等等一系列的常見現象，輕者局部不適，重者累及全身。

又如，腫瘤病人使用化學藥物或放射治療經常引起副作用，如食欲不振，口乾舌燥，疲乏無力，精神衰弱，失眠多夢，甚至白細胞、血小板下降，嚴重者引起發燒、出血、月經不調、中毒性肝炎以及局部損傷的放射性皮炎、放射性潰瘍、放射性肺炎、放射性膀胱炎、放射性直腸炎等難以克服的臨床合併症。採用藥物治療，效果並不理想，而自家療養配合得當，對恢復健康確有一定作用。特別是腫瘤治療結束之後（或前後療程間歇），增強體質，鞏固療效，預防復發，控制擴散，更有其重要意義。

第二節　腫瘤病人自家療養的要求

一、創造樂觀的精神環境

創造樂觀的精神環境是腫瘤病人提高療效，減少症狀，延長生命的首要條件。情志的變化對腫瘤的發生、發展、轉歸有一定影響。也許會有人問：「生氣會把腫瘤氣大嗎？歡喜會把腫瘤喜小嗎？」這個問題好像難以回答。因爲有人就是愛發脾氣，他活了一輩子也未得癌，可是有人看來和善，很少發火，卻患癌症。然而，從群體統計、對比觀察等有關資料中可以看出，精神因素對疾病的發生發展是起一定作用的。中國傳統醫學兩千多年前的《黃帝內經》一書裡提出，情志改變可以使人發病。如《素問‧舉痛論》中講：「怒則氣上，喜則氣緩，悲則氣消，恐則氣下，寒則氣收，炅則氣泄，驚則氣亂，勞則氣耗，思則氣結。」古人認為情志不是孤立存在的，而是有物質基礎的，且與五臟有密切關係。「人有五臟化五氣，以生喜怒悲憂恐」叫做五志。如《陰陽應象大論》說：「心在志為喜，肝在志為怒，脾在志為思，肺在志為憂，腎在志為恐。此為五臟五志之分屬也。」所以古人曾有「暴怒傷肝火上頭，肺病最怕添憂愁，思慮過度傷脾胃，驚恐傷腎尿自流，過喜氣緩心無主，嗔心劇痛命自休」的說法。金元時代的醫學家朱丹溪說：「憂怒鬱悶，朝夕積累，脾氣消阻，肝氣橫逆，則病乳岩（即為乳癌）。」中國醫學認為情志異常可以使人發病的理論（太過或不及謂之異常），至今在臨床方面仍有其指導意義。因此，長期情緒緊張，過度抑鬱、憂慮、超強精神刺激，都可以引起精神與機體之間平衡失調，免疫狀態容易發生變動，內分泌或精神因素容易干擾自控細胞群。因而機體一旦遭到物理的、化學的、生物學的等等致癌因素的侵襲，必然失掉應有的抵抗力而發病。正如明代醫學家李梴在《醫學入門》裡提出的「鬱結傷脾，肌肉消薄與外邪相搏而成肉瘤」一樣，目前有人認為情緒異常可能是癌細胞的促活劑。

在第十二屆國際癌症大會上有人報告，為了說明精神因素對癌的影響，他們用小鼠做實驗，觀察憂鬱、緊張對腫瘤發展的促進作用。他們對排除環境緊張因素處於安靜狀態的動物籠內小鼠，謹慎定量地給予非創傷性、交替的憂慮和緊張刺激。觀察到這種輕度的刺激，首先引起小鼠血漿內的皮質甾酮增多，繼之T細胞數減少，胸腺退化，其他參予免疫效應淋巴結器官的作用減弱。某些實驗小鼠皮下接種6G3HED淋巴肉瘤與對照小鼠相比，則不論在腫瘤種植成功率和腫瘤生長速度方面，均產生明顯的促進作用。這表明，凡是引起情緒憂慮和緊張信號的各種外部精神刺激，均可導致宿主免疫監視系統遭受破壞，並很可能通過血漿糖皮質激素的持續升高，造成細胞免疫的損傷。無論是用緊張刺激引起內源性腎上腺皮質激素的分泌量增多，還是給予天然或合成的糖皮質激素，都導致體內發生一系列的變化，可對腫瘤的生長起促進作用。

由於人們的生活經歷、適應性及精神因素可能影響腫瘤的發生發展，因而採用精神治療，給腫瘤患者以精神上的安慰，減輕其極度的痛苦和憂慮，也許能改變治療反應及癌症的進展。有人用精神分析法判斷急性淋巴母細胞白血病患者的預後。在四七例患者中進行精神分析，發現精神狀態好的患者，其緩解期長，存活多，預後較好；反之精神狀態紊亂者，緩解期短，存活少，預後差。結論是：凡是具有成熟的個性，良好的適應性，並且具備有效的防禦措施及社會綜合能力的病人預後較好。

綜上所述，情志的變化對腫瘤的發生、發展、治療、預後等全過程都有一定影響。所以腫瘤患者應樹立戰勝疾病的堅強信心，要有「既來之，則安之」的樂觀精神，密切配合醫生治療，並積極進行自我療養，這對提高療效，延長生命有一定的作用。

二、選擇合理的飲食療法

利用飲食預防和治療疾病，在中國已有悠久的歷史。遠在中國唐代，名醫孫思邈（公元五一〇年）就著有《食治》一卷。他在《千金方》中說：「凡欲治療，先以食療，既食療不愈後乃用藥爾。」同一歷史時期還有孟詵著《食療本草》，陳士良著《食性本草》。到明代，汪穎著有《食物本草》；在藥學家李時珍的《本草綱目》裡，對於食用植物及動物在醫藥學上的應用記載更爲詳盡。所以，幾千年來，飲食治療的方法一直被流傳下來。

利用飲食預防和治療疾病，不但被各醫藥學家所介紹，而且也爲現時臨床所應用。例如利用海帶、海藻治療甲狀腺腫大；以生苡米、苦瓜治療皮膚扁平疣和尋常性疣贅；用生薑汁、韭菜汁配合米醋治食道癌和胃底賁門癌；用銀杏、枇杷、荸薺治療呼吸系統腫瘤；用菱角、獮猴桃治療消化系統腫瘤；用花椒、烏梅、山茨菇治療婦科及乳腺腫瘤等。還可用蘑菇、元魚、穿山甲、蜂王漿、魚鰾、白木耳、羅漢果等治療各種腫瘤病人，都有一定扶正祛邪的作用。這不僅在臨床上被人們廣泛地應用，而且某些食物也引起了腫瘤防治研究工作者的重視。具體飲食藥物在〈家常食用藥物〉一節中介紹。

盡管飲食療法應用甚廣，但它對於腫瘤的治療只是起輔助、配合作用。由於食療取材便利、簡單易行、安全無毒、服無痛苦、結合生存，所以是自家療養的一種常用好方法。

在飲食療法中，還有一個值得提出的問題，即中國醫學認爲，各種食物都有它的營養特性，每一種食物都有它與中藥相似的性（寒、熱、溫、涼、平）、味（酸入肝、苦入心、甘入脾、辛入肺、鹹入腎）。人們必須利用其性、味及入經特點來治療疾病，方能有效。

平日經常食用的肉類、果蔬根據不同的性、味可分爲五類：

(1)熱類食物：羊肉、雞肉、山雀、薑、蒜、茴香、桂皮；
(2)寒類食物：鱉肉、魚肉、蚌肉、銀耳、芡實、菱角、荸薺、烏梅；
(3)溫類食物：驢肉、牛肉、禽蛋、乳品、胡桃肉、桂圓肉；
(4)涼類食物：蝦肉、蛤肉、海帶、海參、綠豆、西瓜、梨、紫菜、杏仁；
(5)平類食物：豬肉、鵝血、生苡米、山藥、香菇、百合。

飲食的選擇，中醫強調因人因病因時而宜。《飲膳正要》中說：「調順四時，節慎飲食，起居不妄，使以五味調和五臟，五臟和平，則氣血資榮，精神健爽，心志安定，諸邪自不能入」。

惡性腫瘤以中國醫學觀點認爲多屬陰疽、惡瘡、毒瘤一類疾病，對人危害甚大。毒熱傷陰，耗傷正氣，造成正虛邪實。由於病情複雜，採取的治療手段不同，因此飲食選擇也因治療方法而異。

㈠腫瘤病人手術後的飲食選擇

腫瘤病人手術治療後，臨床多見氣血兩虛，脾胃不振，既有營養物質缺乏又有機體功能障礙。因而在飲食調治上，既要注意適當補充營養、熱量，給高蛋白、高維生素類食物，又要調理脾胃功能，振奮胃氣，恢復化生之源，強化後天之本。這是中國醫學固有的理論特點。在食物選擇上除了牛奶、雞蛋之外，一般病人要多食用新鮮蔬菜、水果，如紅蘿蔔、胡蘿蔔、菠菜、韭菜、洋蔥、大白菜、蕃茄、柑橘、檸檬、山楂、杏乾等；要補充蛋白質和多種維生素，忌食母豬肉。

然而根據外科手術不同，飲食選擇也有區別。

⑴頭部手術病人精神緊張，常有恐懼心理。除一般飲食外，多服補腎養腦、安神健智之品，如酸棗、桑椹、羅漢果、龍井茶、西瓜、冬瓜、茭白、蜂蜜、蓮子、香菇、元魚、豬腦、白木耳等。

⑵頸部手術（甲狀腺癌、喉癌等）多服些化痰利喉、軟堅散結之品，如杏仁霜、桔子、梨、枇杷果、枸杞果、荔枝、海帶、海參、海蜇、紫菜、元魚、香菇等。

(3)胸部手術（乳腺癌、肺癌、食道癌等）多服補氣養血，寬胸利膈之品，如桔子、蘋果、羅漢果、桂圓、大棗、冬瓜、海參、元魚、穿山甲肉、蛤蚧肉、苡米粥、淮藥粉、茯菇、糯米粥、絲瓜、蓮藕、紅蘿蔔、茭白等。

(4)腹部手術（胃癌、腸癌、肝癌、胰腺癌等）多服養血柔肝，調理脾胃之品，如檸檬、桔子、佛手、香櫞、香蕉、羅漢果、大棗、山楂、菠菜、馬齒莧、蜂蜜、鮮薑、穿山甲肉、元魚、海參、鱧魚、鵝肉、鵝血、雞肫等。

(5)泌尿系統手術（腎癌、膀胱癌）多服補腎養肝、通利膀胱之品，如枸杞果、梨、香蕉、羅果、木瓜、桑椹、黑芝麻、西瓜、冬瓜、蓮藕、苡米粥、淮山粉、綠豆、赤豆、馬齒莧、龍井茶、綠茶、咖啡、白木耳、鯽魚、鹿胎、鹿鞭等。

(6)婦科手術（宮頸癌、宮體癌、卵巢癌等）多服養血調經、滋補肝腎之品，如石榴、羅漢果、枸杞果、無花果、香蕉、檸檬、桂圓、葡萄、核桃、桑椹、黑芝麻、西瓜、冬瓜、黑木耳、苡米粥、淮山粉、蓮藕、菱角、綠豆、赤豆、茴香、花椒、胎盤、元魚、鯉魚、鯽魚、雞蛋、牛奶等。

(7)四肢手術（軟組織腫瘤、骨腫瘤等）多服強筋壯骨、舒筋活絡之品，如枸杞果、無花果、羅漢果、木瓜、苦瓜、絲瓜、荔枝、桂圓、核桃、桑椹、黑木耳、元魚、穿山甲肉等。

㈡腫瘤病人放射治療後的飲食選擇

經過放射治療的腫瘤病人，臨床常見灼熱傷陰、口乾煩燥、舌紅光剝、脈弦細數、鬱熱傷津的現象。在飲食調理上，要注意多吃滋潤清淡、甘寒生津的食物，一般病人多用荸薺、菱角、鴨梨、鮮藕、蓮子、冬瓜、西瓜、綠豆、元魚、香菇、銀耳等食品。忌服用辛辣、香燥、菸酒等刺激性物質。

然而由於放射治療腫瘤的部位不同，飲食選擇也有差異：

⑴頭部腫瘤放射治療時，除常用上述一般飲食之外，多服滋陰健腦、益智安神之品，如核桃、栗子、花生、綠茶、咖啡、桑椹、黑芝麻、石榴、芒果、人心果、波蘿蜜、紅棗、海帶、酸棗、豬腦等。

⑵頭面部、頸部腫瘤放射治療時，多服滋陰生津、清熱降火之品，如梨、桔子、蘋果、西瓜、菱角、蓮藕、柚子、檸檬、苦瓜、蜂蜜、綠茶、茭白、白菜、鯽魚、海蜇、淡菜等。

⑶胸部腫瘤放射治療時，多服用滋陰潤肺、止咳化痰之品，如冬瓜、西瓜、絲瓜、桔子、白梨、蓮藕、茨苦、淮山藥、蘇子、紅蘿蔔、黃鱔魚、枇杷果、杏等。

⑷腹部腫瘤放射治療時，多服健脾和胃、養血補氣之品，如桔子、柑子、香櫞、楊梅、山楂、雞肫、鵝血、苡米粥、鮮薑等。

(5)泌尿及生殖系統腫瘤放射治療時，多服育陰清熱、補腎養肝之品，如枸杞果、無花果、西瓜、苦瓜、向日葵子、牛奶、雞蛋、花椒、茴香、香菜、胎盤等。

(三)腫瘤病人化學藥物治療後的飲食選擇

經過化學藥物治療的腫瘤病人，臨床常見消化道反應，如噁心、嘔吐和由於骨髓抑制、造血功能受損引起的血象下降等現象。在飲食調理上要注意增加食欲和食用營養豐富的食品。一般常用蕃茄炒雞蛋、山楂燉瘦肉、黃芪羊肉湯、蟲草燒牛肉以及鮮蜂王漿、木耳、猴頭、雞肫、香菜等食品，既補氣血又健脾胃，減少反應，提高療效，但要忌腥味。

然而在化學藥物治療腫瘤時，由於使用藥物、病體及體質不同，飲食選擇也有區別。

(1)淋巴惡性腫瘤及白血病多用大劑量聯合方案治療，藥物副反應較大。在飲食選擇時，除上述一般病人常用食品之外，多服益氣養血、補骨生髓之品，如蘋果、橘子、羅漢果、紅棗、元魚、鵝血、牛奶、雞蛋、菠菜、香菜、核桃、豬骨髓、牛骨髓、鹿胎盤、人胎盤等。

(2)實體瘤（如肝癌、肺癌、胃癌、腸癌等）雖然部位不同，但是一般應用化療方案比較統一。如果用藥較為規律，在飲食選擇時除上述一般病人常用食品之外，多服補養肝腎、調理脾胃之品，如橘子、佛手、椰子、石榴、山楂、雞肫、黑木耳、蘑菇、赤豆、胡椒、鮮薑、鯽魚、蜂蜜、紅蘿蔔、蕃茄、馬齒莧菜、向日葵子等。

(四)腫瘤病人的忌口問題

中國醫學認為：食物的氣味同藥物一樣，也有寒、熱、溫、涼四氣，酸、苦、甘、辛、鹹五味之分。在一般情況下，人體在一定的幅度內，能自動綜合調節不同食物的性、味，但在患病服藥期間，依照不同的病情，禁忌某些食品是非常重要的，這是歷代醫學家長期觀察積累的經驗。在《靈樞·五味篇》中就提出了：肝病禁辛、心病禁鹹、脾病禁酸、腎病禁甘，肺病禁苦」的食療禁忌法則。臨症證明，某些疾病的突然變化、恢復期的延長以及癒後復發等等，有的與口服不慎，恣意飲食有關。

飲食的禁忌大致可分為兩個方面：一是某些病要禁忌某些食物；一是服用某些藥物要禁忌某些食物。下面簡要說明。

1. 病情的禁忌　某些病需要禁忌一些食物，如疔瘡忌食葷腥發物；肺癆病忌食辛辣；水腫病禁食鹽；黃疸與腹泄，病人忌食油膩；溫熱病忌食一切辛辣熱性食物；寒涼病忌食瓜果生冷等，這是一般的禁忌原則。腫瘤病人還應注意下列事項：

(1)蔬菜、瓜果性質多寒，能清熱解渴，根據「熱則寒之」的原則，適用於熱性疾病，如發燒、咽喉痛、腫物灼熱、腫脹、大便燥結等疾病。這些食物多為生冷、性寒、容易使胃腸功能受到影響，故一切虛寒腫瘤病人的胃腹疼痛、嘔吐、泄瀉等症均應慎忌。

(2)生薑、花椒、大蒜、酒等多屬辛熱，少食有通陽健胃作用，適用於寒性腫瘤病人的胃腹寒痛等症。若多食則生痰動火，刺激腫瘤，故對上焦腫瘤、皮膚腫瘤等病人均應慎忌。

(3)葷肥厚味、油炸食物，因其質地堅硬，且難消化排瀉有損消化器官，凡屬口腔、舌、喉癌症以及食道、肝、膽、胃、腸腫瘤病人均應慎用。

2.**藥物的禁忌**　服用某些藥物，需要忌一些食物。如鱉甲忌莧菜；荊芥忌魚蟹；天門冬忌鯉魚；白朮忌桃子、李子、大蒜；蜂蜜忌葱；鐵屑忌茶葉；補劑忌萊菔子及鹼類食物等。諸如此類，不可不知。

三、親切熱情的精心護理

對腫瘤病人應該嚴格遵守保護性醫療制度的護理。其基本精神在於配合醫療，保護患者。一方面免除一切外來不良刺激的影響，另一方面創造優美舒適的休養環境。護理人員（包括家屬）親切熱誠的關照，可使患者安心休養，增強戰勝疾病的信心，減少併發症。

(一)生活環境方面護理

1.居室要簡單雅致，清潔整齊。室溫保持10～20℃，相對濕度50～60%。保持室內空氣新鮮，經常開窗使空氣流通。避免冷空氣直吹患者，以防受涼。室內陽光要充足。衣被要經常洗曬，定期更換。

2. 室內保持安靜，減少一切不必要的噪音，保證患者有充分的休息和睡眠。臥床休息每日不少於11小時爲好。

3. 根據病情開展適宜的文娛活動。病情允許時，可鼓勵患者閱讀報刊雜誌，看電視，聽音樂。病情恢復期可進行適當的戶外體育、文娛活動，以助恢復身心健康。

(二)腫瘤病人一般護理

病人住院期間，根據病情按分級護理醫囑執行。病人在家，也應該根據病情輕重，由家屬給予必要的協助。

1. 遵照醫生治療用藥要求，協助病人安排治療、練功、學習、工作、生活等作息時間，並監督執行。

2. 注意飲食營養和精神生活，解除病人不必要的顧慮，必須給予極大的安慰。

3. 對腫瘤局部要多加保護，防止壓迫和摩擦。如已破潰，注意保護瘡面，避免感染，經常更換敷料。

㈢腫瘤病人特殊護理

1.**腫瘤病人褥瘡的預防和護理**　腫瘤病人長期臥床不能自動翻身者，往往引起褥瘡。因此需要每日用濕熱毛巾揩洗及按摩骨胳隆起受壓處（消瘦顯著者可用50％酒精或樟腦酊按摩），敷以滑石粉，使皮膚保持適度乾燥。必要時在臀部加放氣墊，肢體處可放棉墊。局部紅腫時，可塗復方安息香酊。破潰者塗2％龍膽紫藥水，並以消毒紗布包紮。如有感染，加服消炎藥。

2.**腫瘤病人高熱護理**　腫瘤病人發燒原因很多，除了醫生治療用藥之外，家屬應多給病人適口飲料，每日不少於三千CC。體溫在39℃以上者，應給溫水或酒精擦浴。對突然退燒、大汗淋漓者，應給人參湯、薑糖水口服，預防虛脫。

3.**腫瘤病人大吐血、便血護理**　腫瘤病人晚期常見大出血，屬於危象。有條件應該速送急診搶救。家屬護理時，首先讓病人安靜、平臥。如吐血，要讓病人側臥，以免血液逆入氣管發生窒息。此時要禁飲食。如下血（便血、尿血、子宮出血），可給病人急煎人參湯30克及雲南白藥1克內服，及時請醫生處理。

4.**腫瘤病人大咯血護理**　腫瘤病人大咯血，多屬晚期腫瘤破壞氣管或肺部血管造成。應首先將病人平臥（平臥時頭宜偏向一側），或臥向患側，用冰袋置於患側胸部。如果突然咯血窒息時，要使患者口腔張開，清除血塊，順位引流。頭置低位，傾斜45～90度，並叩擊背部，以利血塊或血液排出，並給病人吸氧氣，再速請醫生搶救。

5.**腫瘤病人疼痛護理**　中晚期病人由於瘤體增大，壓迫或侵犯鄰近器官、神經末梢或神經幹，即可產生頑固、持續劇痛。這種疼痛與腫瘤所在部位、生長方式和增長速度有關。在護理時根據疼痛性質、部位及全身情況給予處理。

爲了使病人情緒安定，可給一般鎮靜劑。如果局部熱痛，可放置冰袋冷敷。若疼痛部位發涼，可用艾灸方法治療。一般情況均可使用針刺療法。但要遠端取穴，長時留針（30～60分鐘），不可直刺患處。關於按摩療法，一般主張除瘤體局部之外，均可進行。由於腫瘤疼痛較難控制，所以不宜過早給予強力止痛藥，更不能劑量過大，否則造成習慣癮癖，用藥無效，病人更加痛苦。

6.**腫瘤病人失眠的護理**　失眠的原因比較複雜。腫瘤病人多爲精神緊張或病情痛苦而造成失眠。病人要認識到，能吃能睡是恢復健康的重要因素。俗話講心廣體胖是有科學道理的。在護理病人時，要創造舒適的睡眠條件。室溫不宜過高，被褥不宜過厚，晚飯不宜過飽，睡前不飲濃茶和咖啡。中醫講高溫則不眠，胃不和則夜不安，是臨床經驗的總結。如果因消化不良，脘腹脹滿而失眠，可用輕柔按摩催眠法，或針灸神門、足三里穴催眠。氣功催眠也是有效辦法。由於病情加重引起的失眠應進行病因治療。

7. 腫瘤病人貧血的護理　腫瘤病人可因失血而貧血，也可因治療影響造血功能和吸收營養障礙及腫瘤本身產生貧血。就醫時，要了解貧血原因，進行有效治療。護理應注意讓病人充分休息，增加營養，多吃蛋白質、維生素類食品，如雞蛋、牛奶、瘦肉、水果和新鮮蔬菜。必要時可紅燒元魚加胎盤，每日一餐。同時調理消化功能，可用大山楂丸和針灸療法，護理人員應注意防止病人因大便用力過猛而突然昏倒。

8. 腫瘤病人昏迷護理　腫瘤病人昏迷多由原發或繼發腦瘤、肝癌以及各種腫瘤晚期衰竭引起。昏迷屬於危象，必須積極搶救和認真護理。首先，應使患者安臥床上，床邊加用欄桿以防跌下。將患者頭側向一邊，以免口中粘液、痰塊或嘔吐物吸入氣管。如有此物，應及時吸出，保持呼吸道通暢，注意口腔護理。防止褥瘡及肺部併發症。密切觀察病情，報告醫生，隨時準備搶救。

第三節　腫瘤病人自家療養常用保健藥物及注意事項

一、常用保健藥物

腫瘤病人自家療養時，在醫生指導下常用保健藥可分調理機體控制病變和扶正培本預防復發病兩類。

㈠調理機體控制病變常用藥

表1　調理機體控制病變常用藥

藥名	來歷	成份	功能	主治	用法
降火丸	北京市腫瘤防治研究所	苦參、山豆根、夏枯草、大黃、龍葵、青蒿、乾蟾皮、蜂房、半枝蓮、野菊花、生甘草	降火解毒、清熱散結	腫瘤病人毒火偏盛、咽痛發熱	每次6克（二丸），每日二次

犀黃丸	外科全集	牛黃、麝香、乳香、沒藥、黃米飯	清熱解毒、化瘀散結	腫瘤病人毒熱內鬱、咯血發熱	每次2克，每日二次
牛黃清熱散	北京中藥三廠	牛黃、黃連、生寒水石、玳瑁、冰片	清熱退燒、涼血止痛	腫瘤病人毒熱蘊結、惡寒發燒	每次3克，每日二次
連翹敗毒丸	中藥製劑手冊	連翹、防風、白芷、黃蓮、苦參、薄荷、當歸、荊芥穗、天花粉、甘草、黃芩、赤芍、紫胡、麻黃、羌活、金銀花、黃柏、紫花地丁、大黃	解毒化瘀、消癰散結	腫瘤病人瘀毒不化，復感外邪	每次6克（二丸），每日二次
蟾酥丸	外科正宗	蟾酥、輕粉、枯礬、寒水石、銅綠、乳香、沒藥、膽礬、麝香、雄黃、蝸牛、朱砂	化瘀散結、消腫止痛	腫瘤病人發熱疼痛	每日2克，每日二次
白蛇六味丸	北京市腫瘤防治研究所	白英、蛇莓、龍葵、丹參、當歸、鬱金	利濕解毒、活血化瘀	腫瘤病人腫脹疼痛、胃癌、肺癌、膀胱癌可長期服用	每次6克（二丸），每日三次
內消瘰癧丸	瘍醫大全	夏枯草、玄參、青鹽、海藻、貝母、薄荷、天花粉、海蛤粉、白蘞、連翹、熟大黃、桔梗、生甘草、生地黃、枳殼、當歸、硝石	消癭散結、化痰軟堅	腫瘤病人瘰癧堅硬，甲狀腺癌及淋巴瘤可服	每次3克，每日三次
化瘀丸	北京市腫瘤防治研究所	丹參、當歸、雞血藤、乳香、沒藥、莪朮、艾葉、血餘炭、水蛭、川芎、紅花、桃仁、甘草	活血化瘀、清積除症	腫瘤病人包塊不消，舌紫面黑、痛經量少、合併乙型肝炎者可常用	每次6克（二丸），每日二次

丹梔逍遙丸	內科摘要	柴胡、白芍、白朮、當歸、茯苓、甘草、丹皮、梔子、生薑、薄荷	調經解鬱、舒肝理氣	腫瘤病人肝鬱不舒	每次3克，每日三次
醒消丸	外科全生集	乳香、沒藥、麝香、雄黃、黃米飯	解毒散結、化痰逐瘀	腫瘤病人陰毒不散	每次2克，每日二次
烏梅丸	傷寒論	烏梅、細辛、乾薑、黃連、當歸、桂枝、人參、附子、黃柏、蜀椒	溫中止痛、化瘀驅蟲	腫瘤病人兩肋疼痛，肝、膽、胰腺腫瘤的局部疼痛。	每次3克（一丸），每日三次
白帶丸	良朋匯集	烏賊骨、山藥、芡實、黃柏、柴胡、續斷、香附、白芍、車前子、白果、赤石脂、牡蠣	溫經散寒、利濕止帶	腫瘤病人白帶淋漓、腰酸腿軟	每次6克（二丸），每日二次
耳聾左慈丸	小兒藥證直訣	熟地、山萸、山藥、磁石、丹皮、茯苓、澤瀉、竹葉	養陰潛陽	腫瘤病人放射治療引起耳鳴頭暈	每次6克（二丸），每日二次
朱砂安神丸	壽世保元	黃連、甘草、地黃、當歸、朱砂	清心養血、安神鎮靜	腫瘤病人心煩失眠	每次6克（二丸），每日二次
鐵笛丸	壽世保元	訶子肉、茯苓、鳳凰衣、桔梗、青果、麥冬、貝母、瓜蔞、甘草、玄參	潤肺養陰、清利咽喉	腫瘤病人聲音嘶啞	每次4克（二丸），每日二次
麻仁丸	金匱要略	火麻仁、厚樸、大黃、枳實、白芍、杏仁	潤腸通便	腫瘤病人大便秘結	每次6克（二丸），每日二次
山楂內消丸	醫療藥方規矩	山楂、麥芽、五靈脂、桔皮、香附、法半夏、青皮、厚樸、砂仁、三棱、莪朮、萊菔子	開胃化滯、消食化痰	腫瘤病人胸腹脹悶、胃酸低、便秘	每次6克，每日二次

小金丹	外科全生集	白膠香、地龍、當歸、沒藥、草烏、五靈脂、乳香、香墨、木鱉子、麝香	消腫拔毒、化瘀散結	腫瘤病人破潰難收、乳腺癌、淋巴瘤可常服	每次4克（二丸），每日二次
十灰散（丸）	十藥神書	大薊炭、小薊炭、側柏炭、茜草炭、荷葉炭、白茅根炭、梔子炭、大黃炭、丹皮炭、棕櫚炭	涼血止血	腫瘤病人出血	每次6克，每日三次
化堅膏	天津市固有成方統一配本	夏枯草、昆布、海藻、乾薑、鹿角、五靈脂、甘遂、大戟、牡蠣、白芥子、雄黃、肉桂、麝香、信石	活血散瘀、消堅止痛	腫瘤病人痰核瘰癧、乳岩堅硬	溫熱化開，貼於患處
梅花點舌丹	外科全生集	冰片、硼砂、葶藶子、沉香、血竭、乳香、沒藥、牛黃、麝香、珍珠、蟾酥、明雄黃、熊膽、朱砂	清熱解毒、消腫止痛	腫瘤病人局部紅腫疼痛	每次1克（三粒），每日二次
一粒珠	良方集腋	制穿山甲、乳香、沒藥、牛黃、硃砂、珍珠、麝香、冰片、雄黃、蘇合油、蟾酥	活血消腫、止疼解毒	腫瘤病人局部紅腫堅硬	每次2克（一丸），每日二次
夏枯草膏	證治準繩	夏枯草	清火散結、化瘀止痛	腫瘤病人淋巴結腫大甲狀腺腫大	每次15CC，每日二次
提毒散	經驗方	煅石膏、紅粉、黃丹、冰片	化瘀拔毒、生肌收口	腫瘤病人局部破潰、久不收口	選擇適量敷於患處包紮或用拔毒膏貼在上面

錫類散	金匱翼	象牙屑、青黛、壁錢炭、人指甲、冰片、珍珠、牛黃	解毒化腐	腫瘤病人放射、化學治療引起口腔潰爛、咽喉糜爛、唇舌腫痛	每用少許，撒於患處

(二)扶正培本、預防復發常用藥

表2　扶正培本預防復發常用藥

藥名	來歷	成份	功能	主治	用法
生血片	北京市腫瘤防治研究所	黃精、黃芪、雞血藤、枸杞子、菟絲子、女貞子、當歸、紫河車、生苡米、阿膠、升麻、卷柏、杠板歸、白花蛇舌草	滋補肝腎、健脾生血	腫瘤病人放療、化療後骨髓抑制引起貧血	每次3克（六片），每日三次
理氣丸	北京市腫瘤防治研究所	黨參、黃芪、生苡米、柴胡、葛根、鬱金、穿山龍、紫河車、仙靈脾、川樸、白朮、甘草、生山藥	健脾理氣、補腎強身	腫瘤病人氣虛乏力	每次6克（二丸），每日二次
滋陰丸	北京市腫瘤防治研究所	女貞子、黃精、花粉、赭石、沙參、山萸、肉蓯蓉、太子參、烏梅、石斛、陳皮、生山藥、天冬	滋陰清熱，補腎添髓	腫瘤病人放射治療口乾舌燥者可常服	每次6克（二丸），每日三次
九轉黃精丹	隋內廷法製丸散膏丹各藥配本	黃精、當歸、黃酒	滋陰養血、補氣健脾	腫瘤病人肝虛貧血、面色失華可常服	每次6克（二丸），每日二次
滋陰補腎丸	北京市腫瘤防治研究所	生地、女貞子、菟絲子、枸杞子、覆盆子、寄生、骨碎補	滋陰補腎、養血生精	腫瘤病人精虧腰痛、低燒盜汗	每次6克（二丸），每日二次

溫腎壯陽丸	北京市腫瘤防治研究所	巴戟天、仙茅、仙靈脾、大云、川斷、寄生、制附子	溫腎壯陽、補氣添髓	腫瘤病人腎虛腿軟、四肢惡寒	每次6克（二丸），每日二次
托里扶正丸	北京市腫瘤防治研究所	川山柳、芫荽、升麻、葛根、牛蒡子、綠豆衣、艾葉、蛇蛻	托里扶正、補氣升血	腫瘤病人放療、化療引起的血小板減少	每次6克（二丸），每日二次
人參歸脾丸	濟生方	人參、黃芪、白朮、當歸、茯神、棗仁、遠志、木香、龍眼肉、生薑、大棗、甘草	健脾補氣、養血安神	腫瘤病人脾虛失眠	每次6克（二丸），每日二次
八珍益母丸	濟生方	黨參、白朮、茯苓、甘草、當歸、白芍、熟地、川芎、益母草	補氣養血、健脾調經	腫瘤病人月經不調，乳腺癌術後可常服	每次6克（二丸），每日二次
六味地黃丸	小兒藥證直訣	熟地、山萸、山藥、茯苓、丹皮、澤瀉	滋補肝腎、養血育陰	腫瘤病人腎虛盜汗、萎縮性胃炎或食管粘膜重度增生	每次6克（二丸），每日二次
五子補腎丸（五子衍宗丸）	證治準繩	菟絲子、枸杞子、五味子、覆盆子、車前子	滋補腎水、添精補髓	腫瘤病人陽萎、遺精，鬚髮早白	每次6克（二丸），每日二次
雞血藤膏	中國醫學大辭典	雞血藤、冰糖	養血和血	腫瘤病人貧血	每次20CC，每日三次
養陰清肺膏	重樓玉鑰	地黃、貝母、玄參、丹皮、麥冬、甘草、薄荷、白芍	清熱潤肺	腫瘤病人咳嗽音啞、口渴咽乾	每次15CC，每日三次
首烏強身片	經驗方	首烏、生地、覆盆子、杜仲、牛夕、女貞子、桑葉、豨薟草、金櫻子、桑椹子、旱蓮草	滋補肝腎、烏鬚黑髮	腫瘤病人腰酸腿痛、腎虛脫髮	每次6克（二丸），每日二次

海參丸	中國醫學大辭典	海參、胡桃肉、羊腰子、枸杞子、杜仲、菟絲子、巴戟天、鹿角膠、補骨脂、牛夕、龜板、當歸、豬脊髓	強精固腎、補氣扶虛	腫瘤病人腰酸、腿軟、腎虛貧血	每次6克（二丸），每日二次
補中益氣丸	脾胃論	黨參、黃芪、白朮、甘草、當歸、陳皮、柴胡、升麻	補中益氣、升清降濁	腫瘤病人中氣下陷、內臟下垂、腹墜脫肛	每次6克（二丸），每日二次
虎骨木瓜丸	奇效良方	虎骨、白芷、川烏、海風藤、草烏、威靈仙、木瓜、川芎、當歸、青風藤、牛夕、黨參	舒筋活血、散風止痛	腫瘤病人手足麻木、四肢無力	每次6克（二丸），每日二次
冠心蘇合丸	上海中藥一廠	檀香、木香、乳香、朱砂、冰片、蘇合香	芳香開竅、理氣止痛	腫瘤病人胸悶氣短、胸痛、肋痛	每次3克（二丸），每日二次
愈風寧心片	北京市中藥三廠	葛根	活血化瘀、舒筋止痛	腫瘤病人耳聾、頭暈、頭痛、肩背痛、心絞痛	每次4片，每日三片
刺五加膠丸	黑龍江省一面坡制藥廠	刺五加、五味子	扶正固本、益智安神	腫瘤病人失眠心悸、咳喘乏力	每次2粒，每日三次
結核菌素（卡介苗BCG）	原用于結核病預防		增強抗體、抑制腫瘤生長	黑色素瘤術後、肺癌術後、急性白血病化療後	75毫克皮膚劃痕或注射用，因本藥有一定副作用，須在醫生指導下使用

短小棒狀杆菌菌苗	免疫增強藥		促進網狀內皮系統增生，激活巨噬細胞吞噬活性、抑制腫瘤生長	肺癌、乳腺癌、黑色素瘤、淋巴瘤及軟組織肉瘤	2毫克，每周一次，皮下或肌肉注射；靜脈滴注。本藥有一定副作用，須在醫生指導下使用
鹽酸左旋咪唑	原係驅蟲藥		能使抑制的巨噬細胞和T淋巴細胞恢復到正常功能	肺癌、乳腺癌術後	每次50毫克，每日三次，每周三天，休息四天，每兩周爲一療程
茯苓多糖片	免疫增強藥		提高巨噬細胞的吞噬活性，提高抗體生成能力	腫瘤病人化療時合併使用	每次25毫克，每日二次，4～6周爲一療程
轉移因子（TF）	免疫增強藥		一般認爲能轉移特異性細胞免疫能力給受者的T細胞	血白病，頭頸、頜面腫瘤，肝癌、肺癌均可試用	每次2CC，每周二次，肌肉注射

二、家常食用藥物

表3　家常食用藥物

名稱	科屬	性味	成分	功能	臨床應用
大蒜	百合科	辛溫，有強烈刺激性氣味	蒜辣素、大蒜甙、蛋白質、脂肪、磷、鈣、鐵等	降血壓、抗菌消炎、驅腸寄生蟲、健胃、鎮靜、鎮咳祛痰，強壯等	預防流感、感冒、肺結核、結核性胸膜炎、急性闌尾炎、腸炎、阿米巴痢疾、驅鈎蟲、蟯蟲、高血壓、腦腫瘤。腫瘤病人食欲差者可服，食道癌、胃癌少用
香菜	傘形科	辛溫	胡荽油、沉香、木醇、松萜、二聚戊稀等	芳香健胃、驅風解毒	肉類食物中毒、消化不良、痔瘡腫痛、肛門脫垂、流感。腫瘤病人血象低及食欲差者可服
芹菜	傘形科	甘涼、無毒	黃酮類、揮發油、甘露醇、環己六醇、維生素、煙酸等	降血壓，鎮靜，解痙，健胃，利尿	高血壓、神經精神興奮、頭痛、頭脹、小便灼澀不利。腫瘤病人腹脹、便乾者可服

苦菜	菊科	苦、寒，無毒	蛋白質、脂肪、維生素	消炎解毒	化膿性闌尾炎、癰瘡、蜂窩織炎、無名腫毒、乳癰、子宮內膜炎、宮頸炎、宮頸糜爛、附件炎、流感、急性咽炎、扁桃體炎、膽道感染、膽囊炎。腫瘤病人炎症難消者可服
油菜	十字花科	辛溫，無毒	蛋白質，維生素B、C、D	癰腫丹毒	丹毒、乳癰、疱瘡、無名腫毒、蛔蟲性腸梗阻
菠菜	藜科	甘涼、滑，無毒	葉綠素，草酸，維生素A、B、C鐵	利五臟、通血脈、下氣調中、止渴潤腸、助消化	慢性便秘、高血壓、痔疾、糖尿病，頭痛、風火赤眼、咳嗽氣喘。腫瘤病人貧血者可常服
馬齒莧	馬齒莧科	酸寒，無毒	維生素B、C，胡蘿蔔素，草酸、硝酸鉀，氯化鉀等	解毒殺菌	痢疾、腸炎、急性關節炎、膀胱炎、尿道炎、痔瘡出血、黃疸。腫瘤病人腹瀉者可常服
木耳	木耳科	甘平，無毒	脂肪、蛋白質、多糖類、磷、硫、鐵、鎂、鈣、鉀、鈉等	滋養益胃、和血養營	高血壓、血管硬化、眼底出血、便秘、痔瘡出血。腫瘤病人貧血者可常服

茶葉	茶科	甘苦微寒，無毒	生物鹼(咖啡鹼、茶鹼、可可鹼、黃嘌呤)，黃酮類，鞣質，維生素A、B_2、C，麥角甾醇，揮發油等	興奮、強心、利尿、收斂、殺菌、消炎	急性胃腸炎和潰瘍病、細菌性痢疾、心臟病水腫、心力衰竭、外用(洗滌潰瘍瘡面)
海帶	海帶科	鹹寒滑，無毒	碘質，胡蘿蔔素，維生素B_1、B_2，蛋白質、脂肪、糖類	軟堅，利尿	淋巴結核、甲狀腺腫、腳氣浮腫、老年慢性支氣管炎。甲狀腺及淋巴腫瘤可常服
紫菜	紫菜科	甘鹹平	含氮物質，蛋白質，碘質，葉綠素，膠質，半乳糖酶，維生素A、B_2	營養、軟堅	甲狀腺腫、淋巴結核、淋巴瘤、腳氣病

生薑	薑科	辛微溫	薑油酮、薑油萜、水茴香萜、樟腦萜、薑酚、桉葉油精、澱粉、黏液等	溫暖、興奮、發汗、止嘔、解毒	外感風寒、支氣管哮喘、食物中毒、慢性胃炎、跌打扭傷、腰肌勞損、腰痛、肢體關節痛、風寒骨痛。腫瘤病人噁心、嘔吐、呃逆者可服
荸薺	莎草科	苦平甘寒	蛋白質、脂肪、澱粉、鈣、磷、鐵、維生素C	清熱、利尿、降血壓	預防流行性腦膜炎、高血壓、風火赤眼、全身浮腫、小便不利。肺癌可服
茨菇	澤瀉科	甘苦微寒，無毒	蛋白質，脂肪，糖類，無機鹽，維生素B、C，膽鹼，甜菜鹼等	解百毒和惡瘡丹毒	痱疹搔癢、毒蛇咬傷。甲狀腺及乳腺腫瘤可常服
胡蘿蔔	傘形科	甘辛微溫，無毒	胡蘿蔔素、蒎烯、左旋檸檬烯、胡蘿蔔醇	健胃助消化，驅蛔蟲	夜盲症、驅蛔蟲。腫瘤病人可常服
綠豆	豆科	甘寒，無毒	澱粉，脂肪，蛋白質，維生素A、B_1、B_2	利水消腫、清熱解毒	中暑煩渴、食物中毒、藥物中毒、高血壓。腫瘤病人浮腫、腹水、尿少者可常服

菱角	菱科	甘平，無毒	澱粉，葡萄糖，蛋白質，維生素B、C等	止消渴、解酒毒、利尿通乳	食管癌、胃癌、酒精中毒、多發性扁平疣、腫瘤病人咯血、低燒者可服
藕	睡蓮科	甘平澀，無毒	澱粉，鞣質，維生素B、C	止血、化瘀	吐血、下血、衄血、高血壓、血友病。腫瘤病人低燒、咯血者可服
胡椒	胡椒科	辛大溫，無毒	胡椒辣鹼、胡椒辣脂鹼、水茴香萜等	下氣、溫中、祛痰、健胃、解痙攣、抗癲癇	心腹冷痛、嘔吐反胃、朝食暮吐、慢性胃炎、胃弛緩、胃內停水、宿食不消。婦科腫瘤及腦瘤可常服
花椒	芸香科	辛溫，有小毒	檸檬烯、枯醇、香葉醇、甾醇	健胃、驅蟲、溫暖強壯、利尿	關節腫痛、四肢不遂、萎縮性胃炎、慢性腎炎、浮腫腹水、蛔蟲腹痛、蛀牙痛。子宮體、宮頸出血者可服
小茴香	木蘭科	辛甘溫	茴香腦、茴香酮、甲基胡椒酚	健胃、理氣、興奮、強壯、催乳、消疝氣	小腸疝氣、月經痛、慢性胃炎、胃弛緩下垂、蛔蟲腹痛。腫瘤病人小腹下墜者可常服
橄欖	橄欖科	酸甘澀溫，無毒	香樹脂素、維生素C等	解酒、解魚毒、生津	防治流感，魚蟹、河豚中毒、癲癇
苡米	禾木科	甘微寒、無毒	糖類、脂肪油、氨基酸、苡薏素、維生素B_1	利腸胃，消水腫	胃癌、宮頸癌、青年性扁平疣可服

芝麻	胡麻科	甘平、無毒	脂肪油、油酸、亞油酸、甘油酯	滋養強壯、潤腸、和血、補肝腎、烏鬚髮	血虛風痹、慢性便秘、髮枯髮落、脂溢性脫髮。腫瘤病人放療口乾舌燥者可常服
冬瓜	葫蘆科	甘微寒，無毒	脂肪油，腺嘌呤，蛋白質，維生素B_1、B_2，煙酸，葫蘆巴鹼	利尿、祛痰、鎮咳	中暑煩渴、水腫腹脹、肺癰、腸癰。腫瘤病人胸水、腹水、浮腫及尿少者可常服
西瓜	葫蘆科	甘涼，無毒	磷酸、蘋果酸、果糖、葡萄糖、胡蘿蔔素、維生素C	清暑、解渴、利尿	慢性腎炎、糖尿病、高血壓、吐血、咽喉炎、肝硬化。腫瘤病人發燒、浮腫、尿少可常服
香蕉	芭蕉科	甘寒，無毒	澱粉、蛋白質、脂肪、胡蘿蔔素、維生素、鞣質	止渴潤肺，解酒毒，降血壓	高血壓，痔瘡出血，癰腫、癤腫，咳嗽。腫瘤病人口渴、便乾者可常服
梨	薔薇科	甘寒微酸，無毒	有機酸，糖類，維生素B、C	潤肺、清心、止熱咳、消痰利水	感冒咳嗽、急性支氣管炎。腫瘤病人口乾、咳喘、咯血者可常服

石榴	石榴科	甘酸溫澀，無毒	鞣質、糖類、石榴皮鹼、生物鹼	驅蟲、殺菌	慢性細菌性痢疾、腸炎、腸結核、大便滑脫不禁、婦女帶下不止、扁桃體炎、急性結膜炎、老年慢性支氣管炎、驅絛蟲
酒	高粱酒或米酒	甘辛溫（燒酒性大熱）	乙醇	通血脈、行藥勢、祛風活血、止痛	腫瘤病人陰寒腹痛、風寒濕痹、神經痛、跌打損傷等可服
醋	米醋又名苦酒，古人稱酢	酸苦溫，無毒	醋酸，維生素B_1、B_2、煙酸	消癰腫、治瘡癬、熏鼻治失血昏暈	腳癬、鵝掌風、腋下狐臭、凍瘡初起、食魚蟹過敏、膽道蛔蟲、急性傳染性黃疸型肝炎、呼吸道傳染病、高血壓。腫瘤病人包塊堅硬、胃酸缺乏者可服
飴糖	麥芽糖	甘溫，無毒	麥芽糖	補虛冷、健脾胃、潤肺止咳、補中益氣、主治虛勞腹痛	慢性萎縮性胃炎。腫瘤病人虛寒性胃痛、氣虛多汗、疲勞無力者可服
鯽魚	鯉科	甘溫，無毒	蛋白質、脂肪、無機鹽、維生素、煙酸	利水和胃、外用解毒、消炎、治癰瘡	慢性胃炎、營養不良性浮腫、腸風下血、噤口血痢、噁心嘔吐、惡瘡。腫瘤病人浮腫、腹水、尿血者可服
黃鱔	鱔科	甘大溫，無毒	蛋白質、維生素、煙酸	補益氣血、療虛損	內痔出血氣虛脫肛、子宮脫垂、面神經麻痹。腫瘤病人貧血者可服

鱉	鱉科	鹹平，無毒	蛋白質、脂肪、煙酸、維生素	滋陰退熱	骨蒸勞熱、肝脾腫大。腫瘤病人腫塊堅硬、低燒、貧血脫肛虛弱者可常服
海參	刺參科	甘微鹹，無毒	蛋白質、糖類、脂肪、鈣、磷、鐵、碘、氨基酸	補虛損、理腰膝、止消渴、去黃疸、退水腫	高血壓、血管硬化、痔瘡出血。腫瘤病人貧血者可服
哈什蟆油	蛙科	甘平	蛋白質，脂肪，多種激素，維生素A、B、C	滋補肝腎，強壯身體	老年身體虛弱、精力不足、神經衰弱。腫瘤病人貧血者可常服
烏梅	薔薇科	酸澀平	枸櫞酸、蘋果酸、琥珀酸	斂肺、澀腸、生津、安蛔	腫瘤病人久咳不止、痰液稀少，久痢久瀉、煩熱口渴、暑熱煩渴、蛔厥腹痛、胃酸缺乏、膽區疼痛可用
蓮子	睡蓮科	甘澀平	澱粉、谷留醇	健脾止瀉、補腎固澀、養心安神	脾虛久瀉，脾腎虛損的白帶、遺精、遺尿，心脾不足的心悸、失眠、乏力。腫瘤病人放療後口腔潰爛可服

靈芝	多孔菌科	甘平，無毒	麥角甾醇、順蓖麻酸、反丁烯二酸、氨基酸、多糖類	補心安神、鎮靜鎮痛	高血壓、氣管炎、神經衰弱。腫瘤病人免疫功能低下可服
酸棗仁	鼠李科	甘酸平	脂肪油、蛋白質、植物甾醇、皂甙等	養心安神、益陰斂汗	腫瘤病人血虛不能養心養肝或虛火上炎之心悸失眠、自汗盜汗可用。
肉桂皮	樟科	辛甘大熱	桂皮醛、桂皮乙酸酯	祛寒止痛、溫腎補陽、活血通脈	腫瘤病人肝腎脾虛、寒滯不通、虛寒引起胃脘痞滿。命門火衰，畏寒肢冷，陽萎尿頻，虛陽上越，腎不納氣之虛喘可用
鹿胎	鹿科	甘鹹溫	激素、鹿胎精、蛋白質、磷酸鈣、硫酸鈣	補腎助陽、生髓強筋	腫瘤病人腎陽不足，腰腿疼痛、陽萎、遺尿、腎精虧損、髓海不足、眩暈乏力、記憶衰退、帶脈不固、崩漏帶下、陰疽久潰不斂。腫瘤未行根治術者慎用。貧血可用

紫河車	胎盤	甘鹹溫	卵巢激素、黃體激素、乙氨基葡萄糖、右旋半乳糖、甘露醇、多種氨基酸	益氣養血、補精	腫瘤病人陰精虛損氣、氣血雙虛、腎虧喘咳可用
冬蟲夏草	麥草菌科	甘溫	蟲草酸、冬蟲夏草菌素	滋肺補腎、止血化痰	肺虛咳嗽、咯血、陽萎。肺癌、肉瘤可試用
胡桃肉	胡桃科	甘溫	脂肪油、亞油酸、蛋白質、多種維生素	補腎強腰膝、斂肺定喘、潤腸通便、殺蟲	腫瘤病人腎虛腰膝酸痛、兩足痿弱、肺腎不足之虛喘、體虛便秘、腦囊蟲可用
韭子	百合科	辛甘溫	硫化物、甙類、蛋白質、維生素C等	溫腎壯陽、固精	腎陽虛衰、陽萎、遺精、白帶、遺尿、食管癌梗阻不通
阿膠	驢皮熬制	甘平	明膠蛋白、硫、鈣	補血止血、滋陰潤燥	腫瘤病人血虛萎黃、吐血、咯血、衄血、便血、崩漏可用

枸杞子	茄科	甘平	甜菜鹹、胡蘿蔔素、核黃素、硫胺、煙酸、抗壞血酸、鈣、磷、鐵等	滋補肝腎、益精明目	腫瘤病人腰膝酸痛、頭暈目眩、目澀眼花、肝虛貧血可用
龍眼肉	無患子科	甘溫	葡萄糖，蔗糖，酒石酸，維生素B、A等	補心安神、養血益脾	腫瘤病人心脾虛損、失眠健忘、氣血不足、體虛力弱
桑椹子	桑科	甘寒	葡萄糖，鞣酸，果酸，維生素D、A以及無機鹽	滋陰補血	腫瘤病人頭暈目眩、失眠多夢、鬚髮早白、口乾舌燥
蘑菇	傘菌科	甘平無毒	多糖類，維生素B_1、B_2、C，蛋白質，脂肪，無機鹽，鈣，磷，鐵	健脾養血、抗腫瘤	肝炎、胃潰瘍、糖尿病、白細胞減少症、惡性腫瘤
香菇	傘菌科	甘平無毒	多糖類抗癌物質、蛋白質	益氣健脾、驅風破血	肝炎、胃潰瘍、胃癌、白細胞減少症，腫瘤病人免疫功能低下可用

猴頭菇	齒菌科	甘平無毒	多糖類及多肽類抗癌物質、蛋白質、脂肪	健脾補腎、養血益氣	肝炎、慢性胃炎、胃潰瘍、胃癌以及腫瘤病人免疫功能低下可用
黑芝麻	胡麻科	甘平	脂肪，蛋白質，維生素B_1、C等	滋養肝腎、潤澡滑腸	肝腎陰虛、頭暈眼花、鬚髮早白。腫瘤病人津枯血燥、大便秘結者可用
山藥	薯芋科	甘平	粘液質、膽鹼、尿囊素、精氨酸、澱粉、澱粉酶、碘質	補益脾胃、潤肺補腎	脾腎虛弱、食少體倦、泄瀉、白帶。腫瘤病人肺腎氣陰俱虛令久咳、腎虛夢遺滑精、小便頻數可用
大棗	鼠李科	甘溫	蛋白質、脂肪、澱粉等	補益脾胃、安神養營、生血補氣	脾胃虛弱、臟躁症。腫瘤病人氣血不足、血小板減少者可用
桃仁	薔薇科	苦甘平	脂肪、蛋白質甙類	活血祛瘀、潤燥滑腸	血滯經閉、症瘕積聚、肺癰腸癰。腫瘤病人瘀血作痛，腸燥津枯可用
火麻仁	大麻科	甘平	脂肪油、蛋白質、揮發油、維生素E、卵磷脂、植物甾醇等	潤腸通便	適用於腫瘤體虛便秘及熱性病後津枯血少、腸燥便秘

山楂	薔薇科	酸甘微溫	枸櫞酸、蘋果酸、抗壞血酸、糖、蛋白質等	消食化積、散瘀行滯	腫瘤病人食欲不振、油膩不化、肉積、乳積、腹痛泄瀉、瘀滯出血、疝氣偏墜、脘腹脹痛可用
雞內金	雞胃內膜	甘平	胃默契等	消食積、止遺尿、化石通淋	腫瘤病人飲食停滯、食積不化、脘腹脹滿、遺尿、小便頻數、陽萎遺精、砂淋、石淋可用
橘皮	芸香科	辛苦溫	揮發油、檸檬萜、脂肪酸、硬脂萜、黃酮甙等	理氣健脾、燥濕化瘀	腫瘤病人脾胃氣滯、脘腹脹滿、噁心嘔吐、呃逆、消化不良、脾虛濕盛、胸膈滿悶、咳嗽痰多可用
杏仁	薔薇科	甘苦溫，有小毒	苦杏仁甙、苦杏仁酶	止咳定喘、潤腸通便	腫瘤病人咳嗽、氣喘、腸燥便秘，食欲不振可用
蘇子	唇形科	辛溫	脂肪油、維生素B_1等	止咳平喘、下氣淡痰、利膈和胃	腫瘤病人咳逆痰喘、腸燥便秘便可
枇杷果	薔薇科	酸平	揮發油、皂甙、維生素B_1、葡萄糖、枸櫞酸鹽、鞣質等	化痰止咳、降氣和胃	腫瘤病人肺熱咳嗽、氣逆喘息、胃熱呃逆、嘔吐可用

三、服藥注意事項

㈠慎用以毒攻毒藥物

由於惡性腫瘤容易復發、轉移，對機體危害較大，預後不良，人們往往稱它爲「毒瘤」。治療「毒瘤」的辦法，一是調整機體，增強抵抗力，控制腫瘤生長或轉移，稱爲補法；二是針對腫瘤阻斷人體對腫瘤的營養供給，破壞它的生長能力以及直接殺滅「毒瘤」細胞或剔除腫塊，稱爲攻法。在人們的習慣中，往往將具有毒性的藥物攻擊具有毒性的腫瘤叫做以毒攻毒。

以毒攻毒的藥物有哪些呢?某些抗癌化療藥物，譬如常用的烷化類——環磷酰胺，抗代謝類——5－氟脲嘧啶，抗癌抗菌素類——絲裂霉素，雜環類——甲基苄肼，植物鹼類——長春新鹼等等，都是毒性很強的藥物。中醫常用的抗癌藥物有礦物類——水銀、紅砒、硇砂；動物昆蟲類——斑蝥、水蛭、蟾蜍；植物類——巴豆、馬錢子、鴉膽子等。這些藥物治療腫瘤有一定療效和科學根據，但不論外用或內服都具有毒性。如硇砂主要成份爲氯化胺和少量鐵鹽、鎂鹽、硫鹽，不但對腫瘤細胞有毒性作用，並且有祛痰和利尿作用，可用治治療食道癌及胃底賁門癌。鴉膽子是苦木科植物鴉膽子樹的種子，其主要成份爲鴉膽子甙、苦味素及植物甾醇，對肝癌、肉瘤細胞都有抑制和殺滅作用。臨床常用它治療肝癌、肺癌。斑蝥是蘭蕪青科南方大斑蝥，主要成份是斑蝥素及單萜烯類物質，對小鼠腹水型肝癌、肉瘤細胞生長有干擾和抑制作用。臨床上用於治療肝癌、食管癌、乳腺癌、肺癌，均有一定效果。

以毒攻毒的方法適用於哪類病人？《內經》提出：「堅者削之，留者攻之，結者散之，客者除之」，是指針對腫瘤的性質採用不同的辦法。因而，凡因毒性藥物都要在醫生指導下，慎重地選擇身體情況較好的，尤其是肝、腎及造血功能正常的患者使用。如果濫用以毒攻毒，盲目地認為毒性越大效果越大，無限制地使用劇毒藥品，必然造成嚴重的不良後果。即使毒性不甚大的也要慎重使用。一九七九年，日本人佐藤昭彥用試管法研究抗癌中草藥時發現，不少的礦物類藥物非但不能殺死癌細胞，反而促進癌細胞增生，抑制正常細胞生長。此試驗，值得參考。

㈡合理使用補藥

有人說腫瘤病人不能吃補藥，因為補藥會促進腫瘤加速生長，容易復發和轉移。這種說法是根據不足的。

用補藥治療腫瘤，是中醫的主要治療法則之一，叫扶正培本法。中國醫學認為腫瘤的形成為：「正氣不足而後邪氣踞之」。很多古代醫生認為，腫瘤的形成與正氣虛弱有關，尤其晚期腫瘤多數是處於氣血不足，肝腎陰虛、脾胃不運的狀態。這樣就為補法治療腫瘤提供了理論依據。中醫的補法是通過扶正以祛邪。具體對治療腫瘤來講，正氣是機體抵抗能力（包括免疫功能），邪氣是腫瘤的存在。而正邪相爭及其消長就是疾病變化過程。邪盛正衰標誌著腫瘤的進展；正盛邪衰標誌著腫瘤得以控制或縮小。兩者之間，正氣是矛盾鬥爭的主要方面。正氣盛衰是決定矛盾轉化的關鍵，扶正是根本，祛邪是目的，因此，治療時要以扶正氣爲主導方針。誠然，當邪實正盛階段，治療應以祛邪當先，攻法爲主，不可偏廢。補法的重要作用在於調理臟腑，補益氣血，增強機體免疫功能，所以一般在手術、放療或化療後應用。補法對抑制腫瘤復發有一定意義。

運用補法應注意的是：

⑴選準補法適應症。辨清眞虛假虛，不可貿然誤投補藥，以免造成虛上加虛，實上加實之弊。古人總結的「至虛有盛候，反瀉含冤。大實有羸狀，誤補益疾」。這個經驗教訓值得注意。

⑵運用補藥要注意配伍。補法當中有直接補、間接補、峻補與緩補、滋補與溫補之分。這要根據病情而定。補氣時稍加行氣和補血藥，補血時稍加行血和補氣藥。理由是血屬物質，氣屬功能，氣血互生，氣率血行。補陽方中稍佐陰味，道理是「陰陽互根」，「陰生陽長」。峻補選藥要精，不宜龐雜，劑量要大，不能多服。緩補用於久虛，藥力不宜過猛。補方中要配用調理之品，使其物質與功能相濟並進。滋補藥多屬滯膩厚味，易礙脾胃運化功

能，在方中應加入健脾開胃之品，才能充分吸收。添精補髓溫補方中寓以涼藥，以防助邪化熱，熱盛傷陰。這些都是在補法中值得注意的問題。

然而，應該說明的一點是，補法不是萬能，它主要用來治療虛症。如無虛症不可濫用補藥。辨證不當，投予補藥，弊病百出：溫補助熱；滋補礙胃；峻補化火；緩補留邪。給病人帶來不應有的痛苦。

近來，有些人用現代科學方法研究補藥，發現許多補藥都有增強免疫功能的作用。它是通過機體內因，調動機體防禦系統的功能，達到遏制腫瘤生長或擴散的目的。如中國吉林人參能大補元氣、調營養衛，治療虛症是卓效的補藥。近年來，西方學者經過研究認識它有抗腫瘤的作用。日本人介紹，人參提取物——蛋白質合成促進因子，對患癌的大鼠代謝有良好影響，可增強大鼠的抗癌能力，而不利於癌症的生長。

此外，健脾補氣的白朮和生苡米、滋陰補腎的女貞子和補骨脂，壯陽補腎的仙靈脾和桑寄生以及靈芝草等，都對動物實驗性腫瘤有不同程度的抑制作用。中醫傳統的補腎經方六味地黃丸，能抑制用亞硝胺誘發的小鼠前胃鱗癌，用以治療人的食道癌前期病變（上皮細胞輕度增生），好轉率在85％以上，控制癌變和好轉率與未服藥者相比，均有顯著性差異。

由此看來，腫瘤病人在醫生指導下，可以服用補藥。

第四節　腫瘤病人自家療養常用的針灸療法

針灸療法是中國偉大醫學寶庫中一個重要組成部分，廣泛應用於各種疾病，取得良好療效。在腫瘤的防治研究方面也引起人們的重視。近年來，已經開展了針灸療法在腫瘤學科的臨床應用和實驗研究。

臨床方面曾觀察過以下三類病症：

⑴用於腫瘤病人的疼痛、發燒、腹脹、便秘、尿閉、失眠多夢、月經失調等症狀，收到減輕臨床症狀的效果。

⑵將瘢痕灸用於肺癌、胃癌，觀察到改善一般狀況，提高免疫功能的現象。

⑶對腫瘤病人放療、化療反應有提升血象和減少胃腸道反應的作用。

在實驗研究中，針灸對小鼠Ｌｅｗｉｓ肺癌有一定抑制作用，見到瘤體縮小與病理學改變，同時見到巨噬細胞吞噬功能增強。

針灸療法在臨床應用雖有一定療效，由於難以單獨觀察，很難評定對腫瘤局部具體效果。但是，作爲腫瘤病人自家療養對症治療，減輕痛苦，鞏固療效，增強抵抗力，預防復發和轉移是有一定作用的。

針灸療法治療腫瘤，一般認爲選穴與手法是取得療效的關鍵。常用手法的原則是，迎隨補瀉，調理爲主；常用穴位的原則是，循經取穴，遠隔當先。茲將常用手法及灸法介紹如下：

一、針刺手法

針刺手法包括進針手法，進針後手法，退針手法。

1. 進針手法　進針前，病人採取適當的體位，使穴位暴露，便於操作。注意針具、醫者手指與針刺穴位皮膚消毒。進針透皮時要快，以減少疼痛。一般採用下面兩種方法：

(1)單手進針法。用右手拇、食兩指夾住針體，下端留出針尖1～2分，迅速刺入皮下。然後將針體刺到一定深度，並行提插捻轉手法。對重要部位則不宜採用快速進針法。如胸肋部穴位，應當緩慢刺入，避免損傷臟器和出血。

(2)雙手進針法。用左手拇、食兩指夾住針體下端，留出針尖1～2分，右手持針柄，雙手同時用力，右手向下插，左手協助將針體刺入體內。

2.**進針後手法**　針體進入體內一定深度之後，用食指和大拇指前後捻轉或下上提插，直到出現感覺，稱「得氣」。針刺必須有感應，才能取得療效。如果以瀉法爲目的就用強刺激，留針30分鐘以上，可起到治療疼痛、痙攣和鎮靜作用。如果以補法爲目的就用輕刺激，留針10分鐘以內，可達到醫治麻木、弛緩和興奮的目的。如果使用平補平瀉手法，就用中等刺激，留針10～20分鐘，可達到調理目的。

3.**退針手法**　以鎮靜爲目的，退針時用緩退或速退法，避免局部遺留感覺。以興奮爲目的，退針時用捻轉退針，扇動局部殘留感覺。以調理爲目的，退針時用輕微退針法。

二、艾灸方法

艾灸是用艾絨做成大小不同的艾炷（古人叫「艾壯」）或用紙卷做成艾條，在穴位處或疼痛處燒灼、熏燙的一種治療方法，一般用於虛寒性腫瘤病人。下面介紹幾種常用的艾灸方：

1.**艾炷灸**　將艾炷放在穴位上，用火點燃，燒至局部紅腫燙痛難忍時，用鑷子挾去。每穴灸3～5壯，每次用2～3穴，隔日一次。

2.**化膿灸**　先用大蒜液塗穴位，然後用較大艾炷貼在穴位上點燃。每穴可灸5～9壯，每次選灸1～2穴。灸後局部出現燙傷，皮膚潮紅，中間有一小凹陷，用消毒紗布或乾棉球清洗局部之後敷蓋。5～7天灸瘡化濃，3～5周會自行結痂。灸後注意預防感染。

3.**隔薑灸**　用大片生薑2分厚作爲間隔，上放大艾炷點然，待病人覺得灼燙，可將薑片略提起片刻，放下再灸，以出現燙傷爲止。再用瓶蓋扣其穴上，保護水泡，使其自行吸收。一般可灸3～5壯。也可用隔蒜片灸，隔附子片灸，方法相仿。

4.**艾條灸**　一端點燃後熏灸患處，不著皮膚，以病人感到溫熱爲準。一般可灸10～15分鐘。穴位適當選用。

5.**溫針**　溫針是在針刺之後，於針尾裏上艾絨點燃加溫。可燒1～5次，以使病人能忍受的最高溫度爲準。

腫瘤病人自家療養針與灸的選擇原則一般是：實症多用針刺，虛症多用灸法。

三、常用穴位採法及應用症

表4　常用穴位採法及應用症

穴名	部位	手法	針感	應用症
胃俞	第12胸椎下，旁開1寸半	斜刺5分	局部脹麻，放射到腰背	胃癌的胃痛、腹脹、呃逆、嘔吐
膈俞	第7胸椎下，旁開1寸半	斜刺5分	局部脹麻，放射到胸背	胃癌、肝癌的上腹痛、呃逆、嘔吐
脾俞	第11胸椎下，旁開1寸半	斜刺5分	局部酸脹	胃癌、肝癌的胃痛、腹脹、食欲不振、消化不良
足三里	外膝眼下3寸	直刺2寸	酸脹向下放射，有時腹部感覺腸鳴	胃癌、腸癌的胃痛、嘔吐、腹痛、腹脹
條口	上廉穴下2寸	直刺1寸	局部麻、放射到足部	下肢麻痹，胃癌的胃痛
天鼎	扶突穴下，天突穴上外3寸	斜刺5分	局部脹麻	食道癌，肺癌的咳痰、咽痛、胸痛
天突	胸骨柄上緣凹陷處	向下向胸骨柄後緣斜刺，深1寸	咽部有窒息樣感覺	食道癌的咽痛、咳嗽

膻中	胸骨上，平第四肋間兩乳頭連線中點	斜刺5分	局部脹痛	食道癌、縱膈腫瘤的胸痹痛、乳腺病
合谷	第一、二掌骨間之中點	向勞宮方向刺1～2寸	酸麻傳導至指、肘、肩	鼻咽癌、口腔癌的頭痛、牙痛
肝兪	第9胸椎下旁開1寸半	斜刺5分	局部酸脹	肝癌、胰、腸癌、膽囊癌的呃逆、肋痛
內關	前臂內側正中兩筋間，腕上2寸處	直刺1寸	觸電感向中指放射	肝癌、胃癌的心絞痛、心律失調
外關	腕背橫紋上2寸，兩骨間與掌側內關相對處	直刺1寸半	酸脹向周圍及中指、肘部放射	肝癌的肋間神經痛、前臂神經痛
公孫	足大趾本節後1寸赤白肉際	刺入2寸，可透湧泉穴	足底麻酸脹	肝癌、胃癌的胃痛、肋痛及痛經
肺兪	第三胸椎下旁開1寸半	斜刺5分	局部酸麻脹	肺癌的咳嗽、喘息
心兪	第五胸椎下旁開1寸半	斜刺5分	局部脹麻放射胸背	食道癌合併心臟疾患、癲痢、食道狹窄
尺澤	肘窩橫紋上，兩肌中間	直刺3分	肘部麻脹，放射中指	肺癌的前臂痙攣、咳喘
曲池	曲肘橫紋頭外一橫指	直刺2寸	局部酸脹放射手肩部	肺癌、乳癌的咳嗽、痰盛
乳根	乳頭直下乳房下溝凹陷處，當第8肋間	斜向上刺1～2寸，不宜直刺	乳下脹痛	乳腺癌引起乳痛及乳腺增生

肩井	第7頸椎棘突和肩峰連線中點	斜刺1寸	肩背部酸脹，有時麻至手臂前側	乳腺癌合併子宮出血、乳腺增生
三陰交	內踝直上3寸，脛骨後緣一橫指	直刺2寸	酸脹向下放射，有時串膝部	宮頸癌、乳腺癌的尿閉、痛經
風池	項後枕骨下，大筋外側凹陷處	向對側眼窩方向針刺1寸	局部酸脹，向上放射	鼻咽癌、眼部腫瘤的頭痛、眼花
下關	耳前顴弓下、閉口凹陷處	直刺1寸	局部酸脹，向下頜關節放射	鼻咽癌、鼻竇癌、口腔癌的牙痛、頭痛
上星	頭部前正中央線入髮際1寸處	從前向後沿皮橫刺5分	局部酸脹	鼻咽癌、鼻竇癌的頭痛、頭暈
腎俞	第2腰椎下旁開1寸半	直刺1寸	局部酸脹	腎癌、膀胱癌的腰疼、腰酸
關元	臍下3寸	直刺1寸半	局部脹麻，放射至外生殖器	宮頸癌、膀胱癌的尿閉、痛經
中極	臍下4寸	直刺2寸	局部酸脹，向下放射到外生殖器	宮頸癌、膀胱癌的尿痛
天井	肘尖上方1寸	直刺5分	局部脹麻，放射到肘部	淋巴瘤合併淋巴結
間使	內關上1寸	直刺5分	局部麻脹，放射到指	淋巴瘤合併心悸、頭痛

關元俞	第17椎下，旁開1吋半	斜刺1寸	局部痲，放射到腰及小腹	膀胱癌、宮頸癌合併尿閉
上廉泉穴	喉結上方	針尖向後上方斜刺，深達1寸	舌尖、舌根脹痲	肺癌侵犯喉返神經及舌下神經引起音啞、舌痲痹
止痛穴	翳風穴下1寸半	直刺1寸	局部脹痲沉重感	口腔癌合併頭痛、牙痛
扁桃體穴	下頜內5分	向舌根部直刺1寸	酸、脹、痲，放射至舌根咽喉部	扁桃體癌合併扁桃體炎
喘息穴	大椎旁開5分	向脊柱方向斜刺1寸	酸、脹放射至胸、背	肺癌的咳嗽、哮喘
中喘穴	第5～6胸椎間旁開5分	直刺1寸	沿脊柱放射，上至肩部	肺癌的咳嗽、哮喘
氣喘穴	第7胸椎旁開2寸	斜刺5分	局部脹感，有時放射至深部	肺癌的咳嗽、哮喘
百會	頭頂中央兩耳尖連線與頭中線相交處	斜刺5分	局部酸痲	頭痛、直腸癌併發脫肛
肩髃	肩之端，舉臂有空	直刺5分	局部痲、串至上肢	乳腺癌術後上肢腫、半身不遂
大椎	第1胸椎之上	直刺5分	局部痲脹	肺癌的咳嗽、發燒
中脘	臍上4寸	直刺1寸	局部脹痲	胃癌的胃痛、胃脹

天樞	平臍旁開2寸	直刺1寸	局部及全腹麻	胃癌、腸癌的腹痛、腹脹
環跳	大腿上端關節凹陷處	直刺3寸	酸麻至足尖	脊髓瘤的腰腿痛、麻痹、無力
委中	膕窩中央	直刺5分	酸麻脹、串至足部	脊髓瘤的膝關節疼痛、無力
少海	肘內側，曲肘端凹陷處	直刺3分	局部酸脹，上串頸部	淋巴瘤的頸淋巴結腫大
下食關穴	臍上3寸、左右旁開各1寸	直刺1寸	局部麻脹至深部	胃炎、胃癌、腸癌合併梗阻
臍中四邊	臍中一穴及上下左右各1寸處各有穴	直刺5分	局部麻脹至深部	胃癌、腸癌引起胃痛、腸痙攣
呃逆穴	乳頭直下交第7肋處	斜刺5分	局部麻痛	胃癌、肝癌引起的呃逆、嘔吐
積聚痞塊穴	第2～3腰椎旁開各4寸	斜刺1寸	局部麻痛	腹部包塊引起的腹痛、腹脹
胸堂穴	兩乳頭聯線與胸骨體相交處	斜刺5分	局部及胸部麻、重感	食道癌引起的食道狹窄
龍頷穴	鳩尾穴上1寸半	斜刺5分	局部脹麻	食道癌引起的食道狹窄
痞極穴	第1～2腰椎旁開3寸半	斜刺5分	局部脹麻	肝脾腫大
興隆穴	臍上1寸，左右旁開各1寸	斜刺1寸	局部脹麻	肝脾腫大
鬼信穴	拇指尖距爪甲3分	直刺2分	局部麻痛，出血	腦水腫
二趾上穴	足背第2、3跖骨小頭之後緣凹處	直刺3分	局部麻痛	腹水
血愁穴	第2腰椎棘突處	斜刺5分	局部麻痛	出血不止
耳後髮際穴	耳垂後際處（顳骨乳突下緣）	斜刺5分	局部麻痛	甲狀腺瘤引起甲狀腺腫大

沖陽穴	曲池與尺澤之間	直刺5分	局部麻，放射到頸部	甲狀腺瘤引起甲狀腺腫大
通瘤穴	甲狀腺腫物	腫物上下各1穴針刺瘤體，瘤內相交	局部脹麻	甲狀腺瘤引起甲狀腺腫大
乳根三針穴	乳頭下方交第5、6肋間處	針刺向上、內、外各1針	局部麻	乳腺增生、乳腺癌的乳痛

四、常見腫瘤的常用穴位

食道癌：天鼎、天突、膻中、合谷、胸堂（兩乳連與胸骨相接處）。

胃癌：胃俞、膈俞、脾俞、足三里、條口。

肝癌：肝俞、內關、外關、公孫、足三里。

肺癌：肺俞、心俞、尺澤、曲池。

乳腺癌：乳根、肩井、膻中、三陰交。

鼻咽癌：風池、下關、上星、合谷。

宮頸癌：腎俞、關元、中極、三陰交。

淋巴瘤：天井、間使、關元俞、少海。

口腔腫瘤：合谷、足三里、下關、沖陽穴。

喉癌：天鼎、三陰交、肺俞、風池。

甲狀腺癌：耳後髮際穴、沖陽、通瘤、少海。

胰腺癌：肝俞、足三里、痞極穴、興隆穴。

肛門、直腸癌：積聚痞塊穴、百會、中極、關元俞。

膀胱腫瘤：關元俞、三陰交、血愁穴、百會。

白血病：足三里、曲池、肝俞、血愁穴。

骨肉瘤：大椎、環跳、三陰交、外關。

顱內腫瘤：百會、下關、止痛穴、鬼信穴。

脊髓腫瘤：大椎、腎俞、環跳、曲池。

骨髓癌：腎俞、委中、百會、肩髃。

皮膚癌：合谷、大椎、肺俞、足三里。

黑色素瘤：三陰交、腎俞、大椎、尺澤。

五、腫瘤臨床辨證選穴

甲狀腺腫大：通瘤穴、沖陽穴、耳後髮際穴。
乳腺結節：乳根三針穴、三陰交、肩井。
頭痛頭暈：止痛穴、百會、合谷、風池。
失眠多夢：心俞、百會、上星、間使。
噁心嘔吐：呃逆穴、膈俞、內關、脾俞。
食慾不振：足三里、胃俞、中脘、內關。
消化不良：足三里、脾俞、天樞、公孫。
進食不爽：龍頷穴、膈俞、胸堂穴、足三里。
腹痛腹脹：脾俞、足三里、積聚痞塊穴、鬼信穴。
大便秘結：足三里、天樞、臍中四邊穴。
小便減少：關元俞、三陰交、二趾上穴、中極。

月經不調：腎俞、關元、三陰交、肝俞。
咳喘：曲池、喘息穴、氣喘穴、肺俞。
痰盛：中喘穴、曲池、大椎、天突。
咯血：尺澤、喘息穴、血愁穴、上廉泉。
發燒：大椎、曲池、環跳、合谷。
心悸：內關、足三里、心俞、間使。
肋痛：公孫、曲池、三陰交、積聚痞塊穴。
口乾：上廉泉、合谷、扁桃體穴、足三里。

第三章　具有民族特點的保健方法

第一節　中國醫學對生老病衰及保健的認識

一、陰陽學說在醫學領域的應用

古代認爲，宇宙間任何事物都包含著陰、陽互相對立的兩個方面。由於陰陽兩方面的運動變化，構成了一切事物，推動著事物的發展變化。所以《素問·陰陽應象大論》說：「陰陽者，天地之道也，萬物之綱紀，變化之父母，生殺之本始」，「陽化氣，陰成形」。《素問·寶命全形論》，說：「人生有形，不離陰陽」。對人體的生理功能，中國醫學也用陰陽來說明，認爲人體的正常生理活動，是由於陰陽兩個方面保持著對立統一的協調關係的結果。例如，屬於陽的機能與屬於陰的物質之間的關係，就是這個對立統一關係的體現。人體的生理活動是以物質爲基礎的，沒有陰精就無從產生陽氣；而在生理活動中由於陽氣的作用，又不斷化生陰精。陰陽在病理方面概括說成病邪有陰邪、陽邪之分；正氣也包括陰精與陽氣兩部分。陽邪致病，可使陽偏盛而陰傷，因而出現熱症；陰邪致病，則陰偏盛而陽傷，因而出現寒證。陽氣衰不能制陰，則出現陽虛陰盛的虛寒證；陰液虧虛不能制陽，則出現陰虛陽亢的虛熱證。所以盡管疾病的病理變化複雜多端，但均可以用「陰陽失調」、「陰勝則寒，陽勝則熱，陽虛則寒，陰虛則熱」概括說明。如果機體的陰陽任何一方虛損到一定程度，常可導致對方的不足，即所謂「陽損及陰」，「陰損及陽」，以致最後出現「陰陽兩虛」。如某些對機體不良因素，在體內長期作用，由於陽氣虛弱而累及陰精的化生不足；或由於陰精虧損而累及陽氣的化生無源，都是臨床常見腫瘤病的病理變化。如果陰陽不能相互爲用而分離，人的生命活動也就停止了。所以《素問·生氣通天論》說：「陰平陽秘，精神乃治，陰陽離決，精氣乃絕」。在變化與病衰的過程中，是陰陽失去平衡，出現偏盛偏衰或陰陽兩虛的結果。人體內有限的抗腫瘤的正氣與複雜的致癌因素的邪氣，互相作用，互相鬥爭，如果正氣虛弱，邪氣猖獗，就逐漸使人病老和衰亡。

二、生老病衰的臟腑變化過程

腫瘤病變與衰亡，使五臟六腑的生理功能與實質形態均起變化。中國醫學側重於論述生理功能。如《素問·靈蘭秘典論》：「心者，君主之官也，神明出焉。肺者，相傅之官，治節出焉。肝者，將軍之官，謀慮出焉。膽者，中正之官，決斷出焉。膻中者，臣使之官，喜樂出焉。脾胃者，倉廩之官，五味出焉。大腸者，傳道之官，變化出焉。小腸者，受盛之官，化物出焉。腎者，作強之官，伎巧出焉。三焦者，決瀆之官，水道出焉。膀胱者，州都之官，津液藏焉，氣化則能出矣。

凡此十二官者，不得相失也。故主明則下安，以此養生則壽，歿世不殆，以為天下則大昌。主不明則十二官危，使道閉塞而不通，形乃大傷，以此養生則殃，以為天下者其宗大危，戒之戒之！」古人認為五臟六腑，互相關聯，互相制約，但是臟腑地位有主有從。心為君主之官，心藏神，心不明則神無所主，而臟腑相使之道閉塞不通，可見古人早已認識到心神是在人體內起主導作用的。由於歷史條件所限，當時對解剖部位和生理功能，雖有一定認識，但不十分確切。與現代醫學相比尚有一定出入。尤其對大腦的解剖與功能認識不足，將神經與精神功能賜予五臟六腑，形成心藏神、肺藏魄、肝藏魂、脾藏意、腎藏志等說法。但古人也認識到心神與其他臟腑功能有所不同。主張「心者，君主之官也，神明出焉」。「主不明則十二官危」。這種觀點符合樸素的唯物辯證思想。目前，腫瘤發病與神經、精神因素之間的關係越來越被人們重視。

人的五臟六腑隨歲月流逝也由旺盛逐漸衰退。《靈樞·天年篇》記載：「四十歲五臟六腑十二經脈皆大盛已平定，腠理始疏，榮華頹落，皮頗斑白，平盛不搖，故好坐。五十歲肝氣始衰，肝葉始薄，膽汁始減，目始不明。六十歲心氣始衰，苦憂悲，血氣懈惰，故好臥。七十歲脾氣虛，皮膚枯。八十歲肺氣衰，魄離，故言善誤。九十歲腎氣焦，四臟經脈空虛。百歲五臟皆虛，神氣皆去，形骸獨居而終矣」。以上引文論述人體一般生理變化。由於各人的先天秉賦不同，五臟有大小、高低、堅脆、端正、偏傾之分；六腑也有大小、長短、厚薄、曲直、緩急的不同。這是人的先天素質不一的物質基礎。後天的飲食、環境均能影響人的病衰。如《素問·陰陽應象大論》說：「故喜怒傷氣，寒暑傷形，暴怒傷陰，暴喜傷陽，厥氣上行，滿脈去形，喜怒不節，寒暑過度，生乃不固」。可見情志與氣候變化均能影響機體強弱。這與現代醫學觀點是一致的。

三、氣血對生老病衰的影響

人體臟腑依靠營衛氣血正常運轉濡潤周身、機能旺盛。如《靈樞·本藏篇》：「人之血氣、精神者，所以養生而周於性命者也。經脈者，所以行血氣而營陰陽，濡筋骨，利關節者也。衛氣者，所以溫分肉，充皮膚，肥腠理，司開合者也。志意者，所以御精神，收魂魄，適寒溫和喜怒者也。是故血和，則經脈流行，營復陰陽，筋骨勁強，關節清利矣。衛氣和，則分肉解利，皮膚調柔，腠理致密矣。志意和，則精神專直，魂魄不散，悔怒不起，五臟不受邪矣。此人之常平也。」當衛氣營血失去協調，臟腑虧損，有餘不足，首先產生實虛爲病。如《素問·調經論》記載：「氣血以併，陰陽相傾，氣亂於衛，血逆於經，血氣離居，一實一虛。血併於陰，氣併於陽，故爲驚狂。血併於陽，氣併於陰，乃爲炅中。血併於上，氣併於下，心煩惋善怒。血併於下，氣併於上，亂而喜忘」。古人進一步論述氣血之實虛與寒溫關係「血氣者，喜溫而惡寒，寒則泣不能流，溫則消而去之。是故氣之所併爲血虛，血之所併爲氣虛」。「有者爲實，無者爲虛，故氣併則無血，血併則無氣，今血與氣相失，故爲虛焉。絡之與孫脈俱輸於經，血與氣併，則爲實焉。血之與氣併走於上，則爲大厥，厥則暴死，氣復反則生，不反則死」。古人對氣血的生理、病理變化十分重視。如果氣血併走於上，則上實下虛，下虛則陰脫，陰脫則根本離絕而下厥上竭。若氣極而反，則陰必漸回，故可復甦，其有一去不反者，則不能生矣。氣與形的關係也十分密切，可以引起機體有衰有夭。如《靈樞·壽夭剛柔篇》：「形與氣相任則壽，不相任則夭。皮與內果則壽，不相果則夭，血氣經絡勝形則壽，不勝形則夭。」「此天之生命，所以立形定氣而視壽夭者。必明乎此形定氣而後以臨病人決生死。」「平人而氣勝形者則壽。病而形肉脫，氣勝形者死，形勝氣者危矣」。由此可見，人體的氣血形肉之間關係十分重要。故腫瘤病人的保健要點，必須善調氣血，平衡陰陽。

四、經絡學說在腫瘤病人生老病衰上的應用

經絡是聯絡人體各組織器官傳遞訊息、抗禦外邪和保衛機體內外相貫、如環無端的完整系統。它分布在五藏六腑、四肢九竅、皮、肉、脈、筋、骨等組織器官之內，具有不同的生理功能，但又共同進行著有機整體活動。使人體內、外、上、下保持著協調統一，構成有機的統一體。經絡又是氣血運行的通路。通過經絡傳注氣血，通達周身，以發揮其溫煦滋養臟

腑、肢體、組織的作用。因此《靈樞·本臟篇》說：「經脈者，所以行血氣而營陰陽，濡筋骨，利關節者也」。經絡在病理上表現出疾病的發生和傳變。如《素問·皮部論》說：「邪客於皮則腠理開，開則邪入客於絡脈，絡脈滿則注於經脈，經脈滿則入舍於臟腑也。」指出外邪從皮毛腠理侵入人體，沿著經絡傳入臟腑，逐漸由表向裡的傳變規律。脈也是臟腑與體表組織之間病變互相影響的重要渠道。如肝病影響脾胃，必移熱於小腸，腎陽虛水氣凌心射肺等。此外內臟病變也可以反映到體表的一定部位，如胃火的牙齦腫病，肝火的目赤羞明，膽火的耳痛、耳聾等，都體現了經絡與內臟、體表的關係。當人體病老與衰亡的時候，由於氣血虧虛，臟腑功能減退，而經絡也隨之空虛，傳注澀滯，運行不暢，導致全身失調現象。當腫瘤病人出現下虛上實、半身不遂、反應遲鈍、步履艱難等病衰狀態，在採用針灸、推拿、按摩等方法治療時，經常是循經取穴，可收到良好效果，就是這個道理。

五、情志變化對人體的影響

喜、怒、憂、思、悲、恐、驚謂之七情。在一般情況下，七情，是人對客觀外界事物的反應，屬正常的精神活動範圍。但是，如果由於「太過」或「不及」，長期的精神刺激或突

然受到劇烈的精神創傷，超過了人體生理活動所能調節的範圍，就會引起體內陰陽、氣血失調，臟腑經絡功能紊亂，從而導致疾病發生，促進病衰早臨。

情志致病因素作用機理，不同於六淫邪氣從口鼻、皮毛、肌腠入侵，而是直接影響有關內臟的變化，所以它是造成內傷及致病的主要因素之一。人的七情活動與內臟有著密切的關係，因爲情志活動，必須以五臟精氣作爲物質基礎，也就是外界精神刺激因素只有作用於內臟，才能表現出情志的變化。《素問·陰陽應象大論》說：「人有五臟，化五氣，以生喜、怒、悲、憂、恐」。又再說，肝「在志為怒」，心「在志為喜」，脾「在志為思」，肺「在志爲憂」，腎「在志爲恐」，指出了情志活動和相應內臟的密切關係。所以，一般說，情志所傷與相關臟腑的發病，有一定的規律性，如《素問·陰陽應象大論》說：「怒傷肝」、「喜傷心」、「思傷脾」、「憂傷肺」、「恐傷腎」，就是這個道理。情志「太過」與「不及」的異常變化，傷及內臟，促進發病，主要是影響內臟的氣機，使其功能活動紊亂而發病、致癌。如《舉痛論》說：「百病生於氣也，怒則氣上，喜則氣緩，悲則氣消，恐則氣下，驚則氣亂……思則氣結」。古人還解釋上述情況說：「怒則氣逆，甚則嘔血及餐泄，故氣上矣。喜則氣和志達，榮衛通利，故氣緩矣。悲則心繫急，肺布葉舉而上焦不通，榮衛不散，熱氣在中，故氣消矣。恐則精卻，卻則上焦閉，閉則氣還，還則下焦脹，故氣不行矣。」「驚則心無所倚，神無所歸，慮無所定，故氣亂矣。」「思則心有所存，神有所歸，正氣留而不行，故氣結矣。」這裡不僅指出情志爲病皆傷人身之氣，而且說明了不同的精神致病因素，對人體內部氣機影響也不一樣。但人體是一個有機整體，心爲五臟六腑之主，精神所舍。情志異常主要是影響心神功能活動，並通過心神影響各臟腑的互相關係。《靈樞·口問篇》說：「心者，五臟六腑之主也。……故悲哀愁憂則心動，心動則五臟六腑皆搖。」正說明這個道理。

精神因素的刺激，可以影響臟腑功能及氣血變化。而臟腑功能失調，又容易產生或招致某種精神刺激，表現爲某些情志的改變和相應的臨床症狀。如《靈樞·本神篇》說：「心怵惕思慮則傷神，神傷則恐懼自失，破䐃脫肉。脾憂愁而不解則傷意，意傷則悗亂，四肢不舉。肝悲哀，動中則傷魂，魂傷則狂忘不精，當人陰縮而攣筋，兩肋骨不舉。肺喜無極則傷魄，魄傷則狂，皮革焦。腎盛怒而不止則傷志，志傷則喜忘其前言，腰脊不可以俯仰屈伸，恐懼而不解則傷精，精傷則骨痠痿厥，精時自下。」總之，情志活動與人的健康、疾病、衰老、死亡有密切關係。長期持續精神刺激可以使人鬱悶、憂慮、衰弱多病，也可致腫瘤。而突然劇烈精神創傷或超強刺激，可產生突然病變而致死亡。如古代傳說「一夜脫髮」「過江發白」等故事是有一定根據的。這個現象是內傷氣血的表現，因髮爲血之餘，氣滯血傷則病毛髮。

關於情志變化對腫瘤的發生、發展及治療和預後的影響，在第一章第二節腫瘤病人自家療養的要求「創造樂觀的精神環境」中已有論述。

綜上所述，中國醫學認爲人的腫瘤不是一時形成的，而是外因與內因結合，引起機體內長期的陰陽、臟腑、氣血、經絡、情志變化的結果。這種變化規律也是由量變到質變，由特殊到一般。掌握這個變化規律，採取相應措施，進行有力的防病、抗腫瘤的活動，才能達到控制腫瘤，益壽延年之目的。

第二節　腫瘤病人常用保健功

生老病衰是生物生存的規律，人也不能例外。但是人的病衰確實有早有晚，有快有慢。有人病而不衰，有人衰而不病，這與人的先天素質、後天調養、疾病預防以及養生修練進行保健有密切關係。世界許多國家都在進行保健學科的研究。美國、日本、前蘇聯都設有專門機構進行專題研究。中國醫學養生及保健的學科有悠久的歷史。在應用與研究方面歷代都很重視，創造了許多巧妙的方法，積累了豐富的實踐經驗，並具有一定的理論基礎。這些具有民族特色的方法，經過漫長的歷史篩選，現在保留下來的還有：保健氣功、廿四節氣坐功圖勢、十二段錦、五禽戲、動功、站樁、太極拳、練功十八法、新氣功、按摩等。這些方法對腫瘤病人自家療養來說，是很有實用價值的。但在實際應用中，既要防止氣功萬能，練功能消災免難、百病包治的迷信思想；又要防止民族虛無主義的錯誤觀點。實踐證明，按照本節介紹的練功要領，遵守有關注意事項，循序漸進地、堅持不懈地認眞進行練功，是可以取得成效的。

一、保健氣功的基本知識

氣功療法是中國醫學寶貴的遺產之一。在古代文獻裡稱之謂養生、導引、吐納、靜坐等方法。二千年前，中國第一部醫書《黃帝內經·上古天眞論》裡記載著：「恬憺虛無，眞氣從之，精神內守，病安從來？」這是古人講的養生原理。《素問·遺篇刺法論》講：「腎有久病者，可以寅時面向南，淨神不亂思，閉氣不息七遍，以引頸咽氣順之，如咽甚硬物，如此七遍後，餌舌下津無數」。這是介紹古代氣功的方法。中國第一位外科專家漢代華佗醫師創造了五禽戲。他認爲：「爲導引之事，熊經鴟顧，引挽腰體，動諸關節，以求難老」。這種防病抗老方法，至今還在廣泛應用。隋代巢元方著《諸疾源候論》記載各式各樣的導引治病方法。唐代孫思邈著《備急千金要方·養性篇調氣法》記載了養生方法和指導思想，如「和神導氣之道，當得密室，閉戶安床暖席，枕高二寸半，正身偃臥，瞑目，閉氣於胸膈中，以鴻毛著鼻而不爲動，經三百息，耳無所聞，目無所見，心無所思」只有達到這樣程度，方爲入靜，得法得道。「道不在煩，但能不思衣食，不思聲色，不思勝負，不思曲直，不思得失，不思榮辱，心無煩，形無極，而兼之以導引，行氣不已，亦可長年……。凡人不可無思，當以漸遣除之。」古人強調，在練功期間不要受到外界環境的擾亂和內在環境的衝動，既不要患得患失，也不要急於求成，必須慢慢使思想集中，形成修練身心的方法，便可益壽延年。宋代《聖濟總錄》收集了各種保健方法。元代王中陽《泰定養生主論》敘述了許多保健經驗。明代徐春甫在《古今醫統大全》中，極豐富地總結了歷代各家保健經驗。清代汪訒奄著的《勿藥元詮》中，匯集了佛家、道家的各種養生、靜坐方法、國民黨統治時期，由於施行民族虛無主義政策，歧視中醫，幾乎把數千年來中國祖先在長期勞動中創造的優秀遺產葬送。

一九四九年後，在發掘中國傳統醫學的號召下，先後成立了唐山氣功療養所、上海氣功療養院。在全國各地醫院以及公園、街道、廣場，氣功如雨後春筍般地發展起來。近年來，有的科研單位採用現代科學方法對古老的氣功進行了科學研究，認爲氣功是有物質基礎的，並測定出生物電的改變和紅外線的產生等現象。這是一門有發展前途的新興科學，正沿著中西醫結合的道路前進。

㈠氣功原理

氣功之功效爲：導引行氣，使人安心定意，呼吸吐納，活動身體，調神益形，氣血流暢，卻病延壽。內養神外養形，使神形相濟，是中國傳統醫學的中心思想，早在漢朝初期已經確立。司馬遷在史記自序中講：神是生命的根本，形是生命的體現；指出養神修身是生命的保障，即爲氣功的原始理論基礎。

現代醫學研究氣功，認爲它有如下作用：

1.**氣功可以改善人體的物質代謝過程**　通過氣功的深長吸呼，進入肺部的新鮮空氣得到充分運用。加強肺部氣體交換，加速血液中二氧化碳的排除，提高血內血氧飽和度，增進新陳代謝，加強了臟腑器官的功能。

2.**氣功促進肌肉發達**　通過運氣和動功鍛練，加強了肌肉的活動。特別是加強了膈肌和腹肌的伸縮運動，促進胃腸消化、吸收、排泄功能，從而提高食慾，增強體質，使各部肌肉堅韌有力，發達起來。

3.**氣功有效地調整神經系統的紊亂**　通過氣功悠緩細勻的運氣，微妙地影響神經提高其細胞的工作能力，調整興奮和抑制的關係，使其得到新的平衡。特別是氣功還有一鬆一緊的呼吸，促使血液和淋巴液流暢，改善了微循環瘀滯狀態，從而改善了各種器官的營養，加強了神經與內分泌的作用，加強了脊髓神經的反射作用。所以氣功能加強大腦皮層保護性抑制；調整交感神經與副交感神經的關係；調節神經與內分泌的關係；使人的臟腑協調，功能旺盛。

現在對氣功的研究，僅僅是開始。有些理論與實踐目前尚不能用現代醫科學方法來說明。如古人講，氣功可以加強「四末」的功能：即通過氣功活動，可改善舌、齒、甲、髮等「四末」的功能，使其較準確地反映全身各部組織的健康狀況，其理論爲：

⑴舌爲肌肉之末。肌肉爲氣的囊，舌舔氣降，注於氣海，又能接引腎氣匯聚丹田。舌能生津化食，補氣生肌，有健全消化器官機能的作用。

⑵齒爲骨骼之末。氣生於骨而聯於筋，扣齒骨堅，骨堅持久像鐵石，齒利則易消食，能使身強力壯。

⑶指甲爲筋之末。氣充全血，力達指甲，有如虎爪般鋒銳，甲長自堅，筋強氣足，有如鋼筋之健。

⑷髮爲血液之末。血爲氣之膽，周身毛髮隨呼吸之起伏，則「毛髮如戟生勾，氣血鼓蕩能聞」，這樣就使毛孔齊開，毛髮豎立，血液流通，能生新髮，白髮亦能日久變黑。

這些理論用現代觀點就難以解釋。此外，特殊的氣功，效果驚奇，令人費解。如在全國武術表演練功中，有的平臥挺胸，負荷千斤，不變聲色；有的頭頂破磚，腦無震盪；有的鍘刀切腹，外力錘打，腹壁無傷；有的銳器刺喉，並加外力，刀槍不入；有的頸繞鋼筋，反轉兩次，頸項無損。諸如此類等等，有如神話奇聞，但上萬觀衆卻有目共睹，無可非議。這些現象，用現有的科學理論也不能完美地解釋，尚待不斷地探索研究。

㈡意念

關於意念的論述，古今說法不一，醫家、道家的觀點也對一樣。大家習慣應用的是「意守丹田」、「意領三合」、「意隨形鬆」、「意守湧泉」。簡單介紹如下：

1.**意守丹田**　《黃庭經》記載：丹田位置，上有黃庭，下有關元，後有幽闕（腎），前有命門（臍也叫前命門），實在臍下內部一寸三分處。又根據道家書籍記載，丹田的中心適當衝脈（八脈之一，上起頭頂百會穴，下達會陰穴）與帶脈（八脈之一，為環腰一周之脈）交叉點。形如田字，為修練內丹之地，故稱丹田。此處為男子之精室，女子的胞宮所在，也是氣海的地方。故古人有云：「丹田是氣海，能銷呑百病」。所以意守丹田，為氣功中最重要原則。意守丹田，在治療中不但可以引導思想集中，使大腦得到充分的休息，而且可以調整呼吸，固精益腎，增強內臟的活動。腦健腎堅氣足，方能防病延年。

意守丹田的作法是排除雜念，集中精神，使意念凝聚丹田，將心弦長時間繫在丹田。作到耳無所聞，目無所見，心情恬憺，一無所欲的地步，才能收到良好的效果。

意守丹田，就是氣功中的調心的重要工夫。調心必須結合調息，調息能調身。故氣功家

有云：「治病須養氣，養氣須調息，調息須清心，清心須堅腦，腦堅則心平氣和，氣息發動，無所不適。」這是意守丹田的巨大效果。

2.意領三合　氣功十分重視意念，同時又十分重視機體的內在結合。所謂「內三合」即心與意合，意與氣合，氣與力合。心與意合就是在思想上相信，通過意念的鍛練，身體各部隨著活動一定會起變化，收到良好效果。意與氣合，即以意領氣，氣功練到一定程度時，自己會感覺到氣隨著呼吸的節奏，在體內環行，這就是所謂「潛氣內行」。氣與力合，就是當氣下降時，內臟隨之鬆馳，當氣上升時，內臟隨之緊縮，兩者用力的活動，恰好配合一致。要達到呼吸悠緩細勻的要求，必須配合柔合的力量，這叫氣與力合，相得益彰。由於心意氣力密切結合，在體內通過一些隨意肌的發動，去刺激神經系統，通過條件反射，使若干不隨意肌在不同程度上也連帶活動起來，輸通氣血，逐瘀生新，消除疾病，防治腫瘤，強壯身體。

3.意隨形鬆　即是讓意念跟隨形體輕鬆起來。形鬆是練功的要領，是成功的關鍵。鬆的程度愈深，則氣功的效率就愈高。所以練功時要盡力作到鬆的境界。其方法是出氣時先由肩、胸、腹、腳等外形的肌肉放鬆，再漸漸達到內臟器官放鬆，隨之全身內外精神肉體都感輕鬆，這就叫有「意隨形鬆」。所謂呼氣時「吐如雁落」就是比喻形鬆的意思。鬆則血流暢

通，不發生怠倦，不耗費體力，神態安穩，心田愉悅。

鬆與調息是相輔相成的。愈鬆則愈調和。反過來，把氣調得越順，則越容易達到鬆的地步。這樣形鬆意隨氣息調達，練功必然成功。

4.**意守湧泉**　湧泉穴居足心，爲足少陰腎經的井穴。腎爲先天之本。《內經·靈蘭秘典篇》記載：「腎者，作強之官，伎巧出焉。」腎屬水而藏精，水能化生萬物，精爲有形之本，精妙莫測，威力無窮。意守湧泉，守血生津。練功日久，必有津液盈口，屢咽屢生，內營臟腑，外澤肌皮。

中國醫學臟腑學說認爲，腎主骨，骨生髓，髓通腦海。故此意守腎經湧泉，腎健骨強。髓旺腦靈，心腎相交必然神清體壯。

以上四種各有長處。初學氣功者，應首先選定意守，堅持鍛練，天長日久，功深效大。

㈢氣功的姿勢

練功的姿勢，自古以來就是各種各樣，難以統一。唐代孫思邈主張坐功，調氣養生；梁少林和尚達摩的易筋經，都採取站功；宋華山道士陳摶的睡功圖爲臥功；近代唐山劉貴珍提倡內養臥式功；新近北海公園郭林女士普及自由式新氣功。樣式各樣，舉不勝舉，奇姿多種，百花齊放。爲了便於掌握，歸納起來，介紹坐、站、臥三種姿勢。以供參考：

1. **坐式氣功**　坐式有自由坐式、盤膝坐式、端坐式三種。一般採取自由坐式和端坐式爲多。

⑴自由坐式：坐一適當高度的椅子、木凳或床頭上，兩腿分開與肩同寬，雙腳踏地，兩手掌心可隨意分別放在大腿上，或左手掌心貼於右手背上（右手掌心放在左手背上也可以）放在肚臍前；或者兩腿稍向前伸，左腳放在右腳上面，或右腳放在左腳上面，要求輕鬆自然；或者坐在床上，一腿伸直，一腿屈膝，腳心可對向大腿裡側。頭頸和上身的姿勢不作具體要求，以自然舒適爲宜。

⑵盤膝坐式：盤膝坐分雙盤膝與自由盤膝兩種。

①雙盤膝：坐床，屈膝，先將右腳放於左大腿下，再以左腳放於右小腿下，兩膝骨成平直線，兩手相抱放在臍前，頭頸上身自然端正，以舒適爲宜。因這種姿勢有礙身心舒適，故採用者不多。

②自由盤膝：坐床，左腿屈膝，將腳放在右腿下，右腿伸直，兩手可隨意平放在膝蓋骨上，或兩手相抱放在肚臍前。也可不受上述姿勢的限制，依自己習慣盤坐。

⑶端坐式：此法坐在凳子上，頭頸上身與盤膝相同，惟兩腿分開雙垂，腳踏地面，兩手掌心各貼於大腿上；眼亦微閉，進行呼吸，靜坐養氣。

2. **站式氣功**　站式氣功分爲「三圓式」、「三合式」、「伏虎式」三種基本姿勢。由於練功是由淺入深逐步鍛練，同時又要適應個人體質和疾病的不同要求，所以分列三種姿勢來配合六個階段的呼吸。分述如下：

(1)三圓式：站立的方法是兩腳左右分開，間隔與肩同寬。兩腳尖盡量向內站成一個圓形。兩腿微屈，腰直，胸平，不挺不彎，這叫做「含胸拔背」。兩臂抬起與肩平，肘比肩稍低，作環抱樹幹狀（力求擴大肺活量爲度）。兩手各指均張開彎曲如握球狀，形似虎爪。兩手心相向，距離約一尺左右（有人主張兩手下垂放在小腹前作握球狀，或將兩手高舉過肩），頭向上頂（意識上頂天），不偏不斜，頸部直立，這叫做「頭頂頂豎」。是使血管和神經都不被壓彎的意思。兩眼最好微閉如垂簾，漏出一線微光注視兩眉間或鼻端（兩眼平視遠處一定目標亦可），思想易於集中，很快入靜。

所謂三圓式是指足圓、臂圓、手圓的意思。足圓是爲使腰部保持平直，兩腳穩穩抓住如樹生根。臂圓和手圓是爲了加強呼吸作用，並使氣息運行直達手指尖端。練習這一姿勢的目的，是爲了使腿部、腰部、膀臂、手腕等肌肉發達，且使其堅韌結實。

每次站功時間，開始時三、五分鐘，多則十幾分鐘即可。待體力增進後，再逐漸延長到半小時或一小時。每天早晚各一次，循序漸進，逐步收效。

配合吸氣「爲開爲發」，氣達指尖足心；呼氣「爲合爲蓄」，氣入丹田，過夾脊直衝頭頂。這個姿勢，「渾圓深藏，靜噓動吸，雲臥天行，其妙無窮」。故昔日氣功家有云：「足履平川勢如山，平踏振動自悠然。心曠神怡似飄仙，擎氣丹田貫足尖」。所以，如採此式練功，呼吸靈通，周身舒暢，心田有愉快之感。

⑵三合式：站立方法是兩腳一前一後，擺成似八字又非八字的形式。兩腳前後距離約二尺左右，可按身材高矮自行掌握，以站穩舒適爲宜，前腿斜直，後腿微曲。全身的體重分別放在兩腿上。前後兩腿負擔體重的比例約爲前三後七。左腿在前方時，左臂與肘彎成135度，惟肘上舉。左肘向外扭轉，手指向掌心內轉，拇指與食指成半圓形，惟食指獨上舉，高度與視線齊平，其餘三指順其自然彎曲，亦成虎爪狀。右臂下垂，稍往身後退約二、三寸左右。右肘與右膀彎成直角，放在右肋二、三寸處，作護肋狀。右手各指亦握成虎爪形。右腳在前時，與上述姿勢相反。這一姿勢，也要腰直、胸平、頭頂頂豎，兩眼平視獨出的指尖。

練習這一姿勢，要作到「肩與胯合，肘與膝合，手與足合」，這叫做「外三合」。此式練習法主要目的，在於使思想高度集中，降低血壓和調節各器官的反常現象。

此式配合呼氣時，猶如「箭在弦上，百發百中」，氣入丹田，氣貫全身；吸氣時，猶如「一人張弓，萬夫拔河」，一鼓足氣，上衝雲霄。尤在外靜內動，息息皆通。

(3)伏虎式：作法是先左腳在前，右腳在後，站成丁字形，兩腿相距約五寸左右，身體往下稍蹲，如騎馬形，前後兩腳擺成90度角。左手順擺在左膝上方的三寸處，右手豎在右膝上方的三寸地方，左手伸出稍屈，右手與臂彎成45度。其意好像左手按著虎頭，右手把著虎座。頭頂直立，眼向左前方注視。右腿在前時和上述相反而做，這叫做伏虎式。

這一姿勢鍛鍊的目的是加強四肢的健壯，使腰背有力。古人曾喻為「雞腿、龍腰、熊臂、虎豹頭」，就是這個意思。

伏虎式有強筋壯骨的功能，醫治宿疾有效，尤其在配合呼氣時，猶如「身跨駿馬，奔騰萬里」。吸氣時好似「武松打虎，氣力充沛」。長此鍛練，力大無窮。

站功的優點有：

其一：站功隨地可立。調整呼吸時，要求在空氣新鮮之處，如公園、郊外、河旁、林中、花叢旁。身如花木生根，飽餐天地開合之佳氣，必然身心愉快。

其二：站式靈活，避免枯寂，動靜結合，無副作用。在調息時，血液循環不受壓制或阻礙，氣的運行直達四肢五臟六腑，在療效上起到直接內臟按摩作用。

其三：站式氣功容易作到「小腹凸起」，「足趾抓地」，「提肛」，達到以意領氣，運行於丹田、湧泉、脊椎和大腦之間，起到息息相通的作用。

其四：站功練法，由於清醒用功，氣息在體內交流，感應較深，作用亦大。運用理智，保持心地明晰、寧靜，收益甚大，方能徹入息息相通的妙境。

其五：站功便於進行各種輔助活動，使內功與外功密切配合，收效迅速。況且站功兩臂抬起，氣息交流，四通八達，既加大了肺活量，也使心腦尤爲舒適開朗，身心健壯。

3.臥式氣功　分爲仰臥或側臥兩種姿勢。

(1)仰臥式：面孔向上，仰臥床上，枕頭稍高，上身高下身低，稍有傾斜度；臥時兩腿併攏而伸直，足尖向上，兩手貼於兩側大腿旁；兩眼微閉視兩足尖，集中心思，意守丹田。

(2)側臥式：側身躺臥在木板床上，枕頭高低安適爲度，上身平直，兩腿上下相重而稍彎曲，上腿曲度較大。一般右側臥爲宜，頭放在枕上，稍向前略低，下面貼一手心，作爲穩定心神之用。另一手自然放在大腿上面，眼微閉視鼻尖。

臥式適於體弱、年老之人。特別素有胃、肝、腎、子宮下垂或脫肛者更爲適宜。臥式調息養氣，注意入睡。

總之，練功之姿勢選擇，應以個人情況而定。評其優劣應以自然舒適爲度。既不要把姿勢當成「清規戒律」，也不能「朝坐暮立」過度靈活。練功要下功夫，久而久之，必然成功。

㈣氣功的調息法

氣功的調息法主要是利用各種形式的呼氣、吸氣方法來調整臟腑器官的功能，使其協調旺盛健壯起來。同時通過調息也能糾正臟腑器官的失調現象。現將常用的調息方法介紹如下：

1.深呼吸法　在正常呼吸的基礎上進行調息。方法是站成三圓式，先用口徐徐鍛練深呼吸，呼氣時，牙齒鬆扣，上下齒微微相碰，不要咬緊，等氣呼盡時，再慢慢地用鼻吸氣。吸氣時，唇齒微合，鼻腔也閉小。呼與吸都是利用空氣的自然壓力，使出入的氣變細，細則可以長。呼吸細長是氣功的基本之一。因此細長呼吸時，出入氣息摩擦鼻腔後壁，使腦部發生舒適感覺。通過聽覺器官集中注意力，有鎮定神經的作用。練習時間的長短，可根據身體強弱，自行掌握。練習時，全身要放鬆，精神不要太緊張，呼吸順其自然，都不要用力。呼氣時，思想上好像站在水中一塊木板上，隨意飄蕩。吸氣時，要想像自己頭上繫有一根繩子，身子猶如凌空懸掛一樣。爲了使肺部呼吸順利，肘要擺成橫平姿勢。兩眼微閉，注視兩眉中間的部位，即目守「玄關」，使注意力集中。如果初學者，作三圓式體力不能支持，可以兩手扶牆或扶樹幹練習。如果再不能支持，則端坐、臥姿均可。深呼吸的目的主要是使初學者把平常短促的氣息練成自然的調柔入細的氣息，練好順氣和養氣的基本功。

深呼吸調息法能增強肺部氣體交換能力，從而促進各組織細胞的活力，改善全身功能。

2. **潛呼吸法**　擺成三圓式，以口呼氣，以鼻吸氣。鬆鬆扣齒，「舌守下顎」，鼓起小腹，以意領氣，逐漸下潛，到達臍下，這叫「氣貫丹田」。此為潛呼吸的關鍵，不可忽視。呼氣完畢，再慢慢用鼻吸氣，小腹隨之逐漸收縮。吸氣時，足趾抓地，「舌守上顎」，以意領氣，督任相通，再由會陰穴，運氣過肛門，沿督脈的尾閭、夾脊和玉枕三關，而達過頂百會穴和大腦，使氣再由兩耳頰分道而下，匯至舌尖。與任脈相接，稱為「陰陽循環一小周天」。所謂陰陽，即指一呼一吸的氣息一週，氣圍繞身體上下運行一小圈，使督任二脈在軀體上下相通。隨之呼吸而使膈肌上下活動，腹腔臟器一鬆一緊進行按摩活動。

在潛呼吸的同時，要在意念中作到「七抱三撐」。即呼氣時，用意識提示兩臂以十分之三的力量向外撐張；吸氣時，則以十分之七的力量向內環抱。

潛呼吸需要三個月時間，方可達到運氣養神目的。

3. **無聲調息法**　在潛呼吸的基礎上把運氣的循環由上身擴大到下身的足心。調息時要求更「調柔入細，引短令長」。呼氣時，舌守下牙床，嘴唇微開，氣貫丹田，小腹鼓起，再沉氣到會陰，分支順兩腿而下，直達兩腳足心湧泉穴。吸氣時，小腹隨之漸漸收縮，舌舔上牙齦，自湧泉提氣，順兩腿而上，氣匯肛門，再提肛引氣上升，經尾椎、腰、胸、頸椎，而達

頭腦，再順兩耳前側分下，匯於舌尖。呼氣時，氣息相接，稱爲「陰陽循環一大周天」。練功姿勢可採用三圓式或三合式。但呼氣時，要全身鬆力，隨之下降，這時就體會到，全身猶如「大雁落地」的樣子。吸氣時，則須足趾抓地，好像大樹生根，隨風飄蕩。思想上體會好似大雁起飛，越飛越高，稱爲「吐如落雁，納如起飛」。鍛練時，最好在太陽將出的時候，兩目微閉，留一線視太陽，呼吸隨陽光而融合。意念上認爲太陽與人合爲一體，這樣注意力可以完全集中。因爲這一段調整氣息，要求嚴格，做到呼吸無聲，故稱爲「無聲調息法」。此法要求呼吸無聲，不結不粗，出入綿綿，若存若亡，息息相續，即是「眞息」應排除呼吸有聲的「風息」、雖無聲而不細的「氣息」、出入滯澀的「喘息」。這風、氣、喘三息，各有弊病：「守風則息散，守氣則息勞，守喘則息結，守息則息定」。其息的要求是：「悠、緩、細、勻、靜、綿、深、長」，和達到「無聲、不粗、不澀、不滑」的標準。做到眞息的功夫，才能進入神態安穩，心情愉快的境地。

4.**自然腹式調息法**　在深呼吸的基礎上再深入一步，加強腹部呼吸的漲縮程度，稱爲「自然腹式呼吸」。即呼氣時，小腹縮回，吸氣時，腹部膨脹，但要自然輕鬆。練功姿勢可採用三圓式或三合式。其動作和用意與第2、3法相同。對於用氣，也要運行循環小周天或大周天，也和2、3法相同。只是調息時，用意念去指揮下腹部肌肉，幫助橫膈的升降，以加強深腹式呼吸，調整消化器官的反常現象。所以適合於消化功能較弱的腫瘤病人或胃腸病人。

5.**喉頭呼吸法**　又稱加強深呼吸法。呼吸的方式和氣的運行，可採用潛呼吸法，即小周天的方法。不過呼吸時，小腹鼓起或收縮，可隨便選擇。加強深呼吸時，嘴鼻閉小，以喉頭用力而極柔和細勻地呼吸，所以稱「喉頭呼吸」。姿勢可用三圓式或三合式。以意領氣，也可採取調息的方法，不過小腹的凸凹運動幅度要特別加大。練習時間爲三個月。

6.**內呼吸法**　首先要用「靜心緘口調息」（即陰陽循環一大周天）的方法，使「調息」與「調心」密切結合，動靜和諧。具體作法是完全用鼻呼吸。呼氣時，舌舔下顎，氣降丹田，小腹鼓起。吸氣時，舌舔上齦，小腹收縮。練到十數分鐘之後，突然會感到心身在震動，有一股「熱氣團」匯集於丹田，片時下降會陰，沿兩腿而達湧泉。這股熱力隨吸氣而上升，衝尾閭，升夾脊，接連沖過後腦而達頭頂，似乎上衝雲霄，全身騰起。這是全身關節、氣脈一次全通的表現。眞正達到內呼吸應有的感覺是「淨息」境地。外觀好像停止呼吸，實際內心肚臍在呼吸（似胎兒在母體內呼吸），稱爲「胎息」，達到心腦靜默，心息調融。

內呼吸的外形姿姿，採用三圓式、三合式或伏虎式站功法式均可。最好晨用站立式，晚用端坐式，功力更大。伏虎式練功成熟時，應體會到全身毛髮隨呼氣漲起，吸氣縮落，這叫

作「毛髮如戟生鈎，氣血鼓蕩能聞」。不久全肢體器官堅強如鐵，百練成鋼，對腫瘤病人可起減輕症狀，益壽延年的作用。

以上六種調息法，在坐、站、臥三種中均可用。根據學習者具體情況，可自行選擇。

爲了使初學者便於掌握要領，現將調息法要領列於表5。

表5　氣功的調息法

階段	名稱	姿勢	呼吸動作	意和「氣」	效果	練習天數
1	深呼吸（自然呼吸）	三圓式站樁（或扶牆、扶樹）	用口徐徐呼氣，齒微合，吸氣用鼻慢慢吸，目閉守一玄關或平視遠方目標，肘橫擴胸，腿微曲，足與肩寬，足尖向內	全身放鬆、不用力，呼吸順乎自然。想像如頂懸凌雲，任意飄盪	胸懷暢快，食量增加，精神振作，肺活量加大	30天
2	潛呼吸（陰陽循環一小周天）	三圓式	呼氣時，唇微開，齒輕扣，用口出氣，舌守下顎，小腹鼓起，肢體放鬆；吸氣時，閉口，齒輕扣，用鼻吸氣，舌舔上顎，小腹收縮，同時足趾抓地、提肛。要求呼吸悠緩細勻	呼氣時心想「氣」，由頭頂經胸部而降到丹田；吸氣時，心想「氣」由丹田經肛門、尾椎、脊椎、頸項而達到大腦。要「形鬆意緊、以意領氣」	可治肺病、腸胃病及心臟病、氣喘等症並降低血壓	90天

3	無聲調息法（陰陽循環一大周天）	三圓式或三合式	呼氣同2，肢體鬆弛下沉，如「雁落」狀；吸氣時同2，肢體上引，如「大雁起飛」	呼氣時，心想「氣」，由頭頂經胸部、丹田下沉到湧泉（足心）；吸氣時，氣從湧泉上升經尾椎、脊椎、頸項而達大腦	同上，並能健全神經系統	180天
4	自然腹式調息法	同上	呼氣同上，但小腹收；吸氣同上，但小腹鼓起	同上	輔助3，使內部器官得到平衡發展。特別治消化和呼吸器官諸病	60天
5	喉頭呼吸（加強加深呼吸）	同上	吸氣、呼氣均同2，喉部張開，小腹漲縮隨便，呼吸稍用力，並練習加深	呼氣時，氣由頭頂到丹田；吸氣時，氣由尾椎到大腦	加強內臟鍛練	90天
6	內呼吸法	三圓式、三合式或伏虎式	呼吸用鼻，氣要細長，綿綿不斷，不出聲。呼氣時扣齒，舌守下顎，小腹鼓起；吸氣時扣齒，舌舔上顎，小腹收縮。	吸氣時，氣由湧泉提到尾椎經脊椎到大腦；呼氣時，氣由頭頂到丹田經會陰到湧泉。練習伏虎式時，全身毛髮隨呼吸節奏起伏，並做到用「眞息」呼吸	氣功程度很高，健康基礎牢固，又能隨時隨地應用氣功以卻病延年	300天

㈤調息時的幾點要求

1.要求自然調息　正常人呼吸是很自然的，如果因為久病體弱或過度疲勞、恐懼、憤怒、悲哀、憂慮、焦急等影響，呼吸隨之異常。肺部腫瘤者呼氣長而吸氣短，謂之「陰盛」。也有人呼氣短而吸氣長，謂之「陽足」。「陰盛」和「陽足」都是不正常的，可應用調息法糾正。通過練功使其呼吸悠、緩、細、勻，出入氣息長短相等。所以練功時要有意識地恢復自然呼吸，眞正做到氣功家們所講的：悠悠自在，不煩不慮；緩緩進行，不急不餒；氣行細長，綿綿不斷；息息均勻，不粗不短。這樣就會感到自己在舒舒服服進行呼吸，才能保證在練功中不出偏差，不會產生副作用。

2.要求呼吸深長　練功時逐漸把呼吸變慢拉長，可由每分鐘18次變為9次、8次、甚至4次、2次。其要求一是將呼吸變細，二是把呼吸加深延長達到深長的目的。其方法為有意識閉小後鼻腔和喉頭，輕扣牙齒，舌舔上下牙床。這樣能增加空氣出入的阻力，達到氣息出入細小的目的。用深吸、擴胸，便使呼吸加深，擴大肺活量，有利於氣體交換，促進身體的新陳代謝。

3.要求呼吸強度　初練功時，調息不可過於急躁，必須循序漸進，呼吸強度由小到大。只有練過無聲調息和自然腹式調息法之後，才能要求強度，從而進一步鍛練呼吸器官，使其強壯，帶動全身。

4.要求調息通達關節　通過調息，使督任二脈相通，即陰陽循環一小周天。有人感到有一團熱氣匯聚丹田，下沉會陰，過肛門，當有便意，馬上提肛，用意念把熱氣上引，通過尾閭、夾脊、玉枕，叫做「通後三關」。熱氣再由百會、泥丸，下通心房、黃庭，直達丹田、氣海，叫做「通前三關」。到了前後各關都通以後，就覺察氣息在體內循環盤旋，隨心上下，清靈妙轉。要求再通全身關脈（上臂至手指尖，下腿至腳心），即陰陽循環一大周天，也就是全通八脈，通達關節了。

5.要求氣血相調　初學練功時要遵守「順其自然」的原則。因爲人的血運和呼吸本來是自然配合相稱的，練功時要順水推舟去加強它的流暢。故在練功時，不應擾亂，免生弊端。任其「依次漸進」，體驗感覺，氣功練到一定程度，氣血在體內運行，不但能自覺，還有聲外聞，即氣功家所謂「氣血鼓盪能聞」。這樣的氣和血互相調和，自然相得益彰，互爲增強，使新陳代謝功能提高，血液循環更加旺盛，打開毛細血管通道，改善微循環，加強心、腦的血氧供給。所以練功人不僅和顏悅色，而且神色清靈，儀表從容，精力充沛，身體健壯，衰老晚臨，無病可防，有病可治。

㈥練功應注意的幾個問題

1. **認真學習，長期鍛練**　學習氣功，必須了解氣功科學性，掌握氣功的方法和理論。學習要循序漸進，慢慢體會。通過自己內部各種活動，鍛練肌肉隨意伸縮，建立某種神經系統的條件反射。以達到氣在體內，依著一定的路線運行。必須實現目守玄關，意守丹田，氣通關脈等重要目標，才算學會氣功。同時，氣功是根本上、整體上健全身體的辦法，所以進度緩慢。學習氣功不能急於求成，但是只要認眞學習，長期練功，朝夕不斷，有始有終，則對身心健康必有所幫助。

2. **爭取名師指導**　學習氣功，應爭取名師指導，這樣掌握要領可時間短，收效快，少走彎路。如投師不便，也可自學默練，但應注意如下幾點：

(1)認眞閱讀氣功專業書籍，邊學邊練，樹立信心。

(2)先易後難，循序漸進，不可跳級，不必強求。呼吸自然，不必用力，輕鬆適度。

(3)堅持練功，邊練邊總結經驗教訓，不斷提高，功到自然成。

3. **必須分階段學習**　練功要分階段進行，由淺入深，先簡後繁，才能正確掌握。練功時注意三個時期：

(1)準備時期：先解大小便，再開始擺姿勢，定志安神，自然呼吸一、二分鐘，再行調息。把呼吸出入引導順暢柔和，由粗而細，由短而長，做到初步「養氣」的功夫，爲過渡和用氣時期作好準備。

⑵過渡時期：氣息順適之後，就可以依照第一階段開始進行，發動氣在體內運行。此時有打哈欠，有噯氣現象，馬上感到胸部舒爽，體輕氣順。有時滿口津液，清甜潤喉，頭腦明朗。這一時期是進入深功的橋樑。初學者不要輕意過去，必須多加體驗，認眞做好肢體外形動作，集中注意力，以意領氣在體內各處運行。

⑶用氣時期：在過渡時期之後，外形動作業已純熟，大氣已經發動，達到「形鬆意緊」的要求，開始用氣在體內工作起來，集中精神和力量來引導氣達到全身的深處，動員有關肌肉的伸縮，血管拚，加強新陳代謝。能使緊張變鬆弛，興奮變鎮靜，煩躁變安恬，憤懣變平息，抑鬱變舒暢，痲痹變靈敏……。用氣工作得法，不難增進健康，由弱而強，由衰而盛，會使人感覺到另一種境地：由於呼吸的緩和柔順，細小深長，綿綿不斷，欲止欲續，甚至似乎呼吸將要停止，而全身毛孔都在出氣，達到：「氣通、熱通、前通、後通、一身通」五通的境地。五通俱通，心曠神怡，安恬舒適，無疾無憂。

4. **移心運氣到局部**　氣功療法能健全中樞神經系統，加強內臟機能，由整體上治療疾病。但要移心運氣到患處局部或需要著重加強的部位，以期早日收到效果。在練好基本功的基礎上積累了足夠的功力，然後移心領氣到局部去。可以採用下列辦法：

(1)把雙手放在患處，微微按撫，同時進行調息方法，把氣引到患處，能使局部氣、血旺盛，疾病得癒。

(2)移心運氣到手指上，用以針治（以指代替鋼針）按摩患處；或運氣到手掌上，用以摩撫創傷；還可以用捏拿、刮、擦等辦法，治療自己的疾病及治療別人的病痛。例如有人運氣手上碎石、舉重或運氣於手足，以制敵方。還有人發功治療腫瘤。

(3)爲了移心運氣到隨意指揮運動的患處，微微點動局部，招引暗示，也可以影響氣的到來。例如微微點動頭頸，就可以引導氣上達大腦。揉動太陽穴，就能使雙眼明亮、頭腦清醒。

(4)以目內視法。閉合兩眼，讓眼珠在內隨自己意識轉動，但頭不動，只用眼暗示方向，跟隨心意進行活動。例如移心想氣從心窩下丹田時，眼珠轉動由上而下翻。這樣氣的運行，愈見加速，則氣通病除。

(5)用上病下治法。上半身有病，用移心丹田法，如果不見好轉，則用移心足三里法。能治上氣飽滿、兩脇脹痛、上熱下寒等病。

總之，心、氣、意互相配合，是氣功療法的重要內容。不僅能改善全身情況，也能治療局部疾病。

5.**練功日常生活化**　練功應有規定的時間、地點、方法。腫瘤病人爲了預防復發和轉移，健身防老，也可以將氣功與日常生活結合起來，進行練功。每天可以晨起、睡前各練一次，也可以在勞動之後、課間休息隨時隨地靈活進行。姿勢可站、可臥、可坐、可行。時間可長可短。但調息、入靜要求嚴格，要達到平息清心，清爽愉快目的。氣功生活化是在基本功已經純熟的基礎上施行，不可把氣功庸俗化。雖不拘泥外形動作，但呼吸運氣，要做到心與意合、意與氣合。

這種氣功日常生活化，適於早期腫瘤根治術後的病人，不僅能預防復發轉移，而且有助於養成良好的性格：對人對事頭腦冷靜，態度溫和，度量寬宏，心虛謙善，處事穩健。氣功並不是孤立存在的，它既能調正氣血，又能影響臟腑；既能改善體質，也能影響精神。可謂鍛練身心的好方法。

6.**練功期出現的副反應及糾正方法**　初學練功，有人在準備時期功夫不夠，急於求成，或方法不當強行調息，勢必產生不良反應。現將不良反應歸納如下，以便預防。

(1)站樁練功：有人感到久站頭暈，脇下腰部及兩腿疼痛或痳木。多因身體較弱或姿勢僵硬所致。縮短站樁時間或稍加鍛練，就會好的。

(2)練功時，有人感到心跳、脈數，連續不止。多因呼吸一鬆一緊過於用力、練功時間太長、過度疲勞所致，必須隨時檢查糾正。

(3)有人練功呼吸不勻，氣息不順，感到心煩意躁，出現飲食不佳等現象。多因調息不得法，或練功時思想有顧慮、精神不愉快造成。可暫停練功，用靜坐或散步安息一樣。再用吹氣法或細長出氣來調整，即能消除反常現象。

(4)有人練功皮膚發癢，如似蟲咬；心熱如火炙；手足發冷如水澆；兩肩酸軟沉重；四肢緊痛如針扎；頭部脹滿似昏迷；有時肺滯胸悶；有時呼吸浮泛不實，甚至心中產生種種幻覺、惡念，時喜時憂，時驚時恐。此爲練功時常有的反應，可以繼續練下去，慢慢可自行消失。

(5)有時練功出現飢餓多食、泛酸、腹脹甚至腹痛、腹瀉等現象。泛酸，多爲飯後未消化即行練功的原因。腹部症狀可用自然腹式呼吸來調劑，能自行緩解。

(6)感冒時也可練功。惟在室內採取坐式爲宜。輕者自癒，重者加練一些外功或用散風解表藥物治療。婦女月經來臨，一般可以練功。如月經過多，暫停幾日無妨。

(7)有人練功急於成功，功夫未到，過早追求「督任二脈相通」、「通三關」、「熱氣團」、「大、小周天」的到來，遂生幻想，朝夕盼望，妙感來臨。結果造成胸腔肋骨及脊背脹痛等副反應。最好順乎自然，莫去追求。然而一旦全通，熱團到來，亦不應抑制，必須順勢引導，周行往返，則不生偏差和弊病。

(8)有人在練功後，發生遺精。如果身體強壯，產生夢遺，屬精滿自流；如遺精後疲乏無力或次數頻繁，則應補練潛呼吸，多提肛，並以兩手在尾椎骨處按摩，可止遺精。

7.**練功時的注意事項**　練功時注意以下幾點，便可預防產生偏差，克服副反應。

(1)練功時要求精神愉快，思想集中，不緊張，不強求。不故意追求通關、熱氣。遵守氣功原則和呼吸方式，正確掌握時間，循序漸進。自然氣行體健，功到病除。

(2)練功前，須先作一些外功活動，以和筋骨。然後再進行站功調氣，作好準備工作。運氣時才能柔順，不致感到過度刺激而發生副反應。

(3)練功時，不宜過飢過飽。最好多飲熱水，滋潤咽喉，濡潤肌膚，以助運氣生津。

(4)練功地點，最適宜在花草樹木繁茂、空氣新鮮的地方。做到空氣污濁，風塵飛揚不練功；晨霧迷濛、冰霜掛樹不練功；雷電交加，暴雨傾盆不練功；廢氣怪味，污水池旁不練功。以上種種影響調氣，容易驚功，損害身體，產生偏差，都是值得重視的問題。

(5)練功調氣不要突然加深加長，應慢慢引短令長。也不要把呼吸頻率次數忽然減少，造成胸悶氣短之弊。

(6)意守丹田（臍下3寸），意守玄關（眉間印堂）意守足尖，或患處等等，均不應強硬太過。順應意念，輕鬆意守，方爲正確。

(7)練功之人，注意五調：調理膳事，節制飲食；調整作息，早寢早起；調好姿勢，因人而宜；調整氣息，悠緩細勻；調心定志，集中精神。調好五事，互相配合，不斷改進，不斷修練，自然成功。

此外，練功後，還可以作一些外部肢體運動，以便裡應外合，內外接力，協同共濟，提高效果，減少偏差。一般常用的有：循經按摩、穴位按摩、搓足心、揉膝蓋、晃腰擊腹，蹲坐舉重，抖手轉頸以及揉棍活動等，都是有助於氣功的增效方法，可擇優選用，不必拘泥。

二、二十四節氣坐功圖勢練功法

此圖爲唐、五代時期，陳希夷先生（即陳博）所著。其方法是按照二十四個節氣定爲二十四勢，繪成二十四圖，故名爲「二十四節氣坐功圖勢」。即自農曆正月立春起至十二月大寒止。二十四勢中，除五月芒種和十一月大雪爲站勢外，其餘全爲坐功。坐功中多數爲雙腿盤坐。每一坐功中共有四個項目，即自己的各種運動、叩齒、吐納、嗽咽等。每一圖勢均配合五運大氣、十二經絡的說明，末附治病種類。由於年代歷久，傳抄錯誤，在所難免。但陳氏坐功圖較爲正面，有圖有說明，是中國古代養生書籍中總結性的氣功著作，簡介如下：

1. 立春正月節坐功圖勢

方法：宜每日子時（23點至1點），挺腰拔髖，兩手相疊，轉身勾頸，左右聳引各作15次，上下兩齒相叩，吐濁納清，咽下津液3次。

主治：風氣積滯、頂痛、耳後痛、肩臑痛、肘臂痛，諸痛悉治。

圖1－1

運主厥陰初氣，時配手少陽三焦相火。

圖1－2

運主厥陰初氣，時配手少陽三焦相火。

2. 雨水正月中坐功圖勢

方法：每日子丑時（23點至3點），兩手相疊，按於大腿，勾頸轉身，左右偏引各作15

次，上下兩齒相叩，吐濁納清，咽下津液。

主治：三焦經絡溜滯邪毒，嗌乾及唾噦、喉痹、耳聾、汗出、目銳眦痛、頰痛，諸疾悉治。

3.驚蟄二月節坐功圖勢

方法：每日丑寅時（1點至5點），握拳轉頸，反肘向後，頓撞15次，上下兩齒相叩36次，吐濁納清，咽下津液9次。

主治：腰膂肺胃、蘊積邪毒、目黃口乾、鼻衄喉痹、面腫暴啞、頭風牙宣、目暗羞明、鼻不聞臭，遍身疙瘡悉治。

圖1－3

運主厥陰初氣，時配手陽明大腸燥金。

圖1－4

運主少陰二氣，時配手陽明大腸燥金。

4.春分二月中坐功圖勢

方法：每日丑寅時（1點至5點），伸手回頭，左右挽引各42次，上下兩齒相叩36次，吐濁納清，咽下津液9次。

主治：胸臆肩背經絡虛勞邪毒、齒痛頸腫、寒慄熱腫、耳聾、耳鳴、耳後肩臑肘臂外痛、背痛氣滿、皮膚殼殼然堅而不痛、搔癢。

5.清明三月節坐功圖勢

方法：每日丑寅時（1點至5點），正坐定，手挽左右如拉硬弓各56次，上下兩齒相叩，吐濁納清，咽下津液各3次。

圖1－5

運主少陰二氣，時配手太陽小腸寒水。

圖1－6

運主少陰二氣，時配手太陽小腸寒水。

主治：腰腎腸胃虛邪積滯、耳前熱、苦寒、耳聾、嗌痛、頸痛不可回顧、肩撥、臑折、腰軟及肘臂諸痛。

6.穀雨三月中坐功圖勢

方法：每日丑寅時（1點至5點），平坐，兩手交替，左右舉托，移臂左右掩乳各35次，上下兩齒相叩，吐濁納清，咽下津液。

主治：脾胃結瘕瘀血、目黃鼻衄、頰腫頷腫、肘臂外後廉腫痛、臀外痛、掌中熱。

7.立夏四節坐功圖勢

方法：每日寅卯時（3點至7點），憋住呼吸，輕輕瞑目，兩手交叉，擬攀兩膝各35

圖1－7

運主少陰二氣，時配手厥陰心胞絡風水。

圖1－8

運主少陽二氣，時配手厥陰心胞絡風水。

次，上下兩齒相叩，吐濁納清，咽下津液。

主治：風濕留滯經絡、腫痛、臂肘攣急、腋腫、手心熱、喜笑不休、雜症。

8.小滿四月中坐功圖勢

方法：每日寅卯時（3點至7點），正坐，一手舉托，一手拄按，左右各21次，上下兩齒相叩，吐濁納清，咽下津液。

主治：肺腑蘊滯邪毒、胸肋支滿、心中憎憎火動面赤、鼻赤目黃、心煩作痛、掌心熱諸病。

9.芒種五月節坐練功圖勢

圖1－9

運主少陽三氣，時配手少陰心君火。

圖1－10

運主少陽三氣，時配手少陰心君火。

方法：每日寅卯時（3點至7點），正立仰身，兩手上托，左右力舉各35次，憋住呼吸，上下兩齒相叩，吐濁納清，咽下津液。

主治：腰腎蘊積虛勞、嗌乾心痛欲飲、目黃肋痛、消渴、善笑、善驚、善忘、上咳吐、下氣洩，身痛而腹痛心悲、頭頂痛、面赤。

10.夏至五月中坐功圖勢

方法：每日寅時（3點至5點），平坐，伸手叉指，足蹠背屈，兩足換蹬，左右各35次，上下兩齒相叩，吐濁納清，咽下津液。

主治：風濕積滯、腕膝痛、臑臂痛、後廉痛厥、掌中熱痛、兩腎內痛、腰背痛、身體重。

11.小暑六月節坐功圖勢

方法：每日丑寅時（1點至5點），兩手踞地，臀坐一足，伸直一足，用力坐15次，上下兩齒相叩，吐濁納清，咽下津液。

主治：腿膝腰脾風濕、肺脹滿、嗌乾喘咳、缺盆中痛、善嚏、臍右小腹脹、引腹痛、手攣急、身體重、半身不遂、偏風、健忘、哮喘、脫肛、腕無力、喜怒不常。

12.大暑六月中坐功圖勢

圖1－11

運主少陽三氣，時配足太陰脾濕土。

圖1－12

運主太陰四氣，時配足太陰脾濕土。

方法：每日丑寅時（1點至5點），雙拳踞地，反首向肩引作虎視，左右各三次，上下兩齒相叩，吐濁納清，咽下津液。

主治：頭頂胸背、風毒咳嗽、上氣喘渴煩、心胸膈滿、臑臂痛、掌中熱、臍上或肩背痛、風寒汗出中風、小便數次、淹洩、皮膚痛及痲、悲愁欲哭、灑淅寒熱。

13. 立秋七月節坐功圖勢

方法：每日丑寅時（1點至5點），正坐，兩手拄地，憋住呼吸，聳身上湧，各56次，上下兩齒相叩，吐濁納清，咽下津液。

主治：補虛益損、去腰腎積氣、口苦善太息、心脇痛不能反側、面塵體無澤、足外熱、

頭痛頷痛、目銳眥痛、缺盆腫痛、腋下腫、汗出振寒。

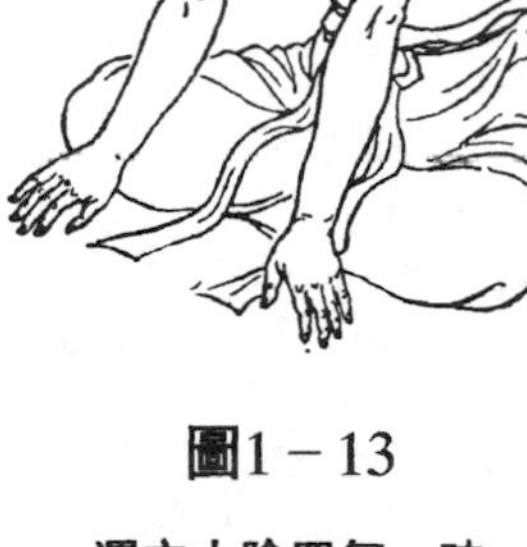

圖1－13

運主太陰四氣，時配足少陽膽相火。

圖1－14

運主太陰四氣，時配足少陰膽相火。

14. **處暑七月中坐功圖勢**

方法：每日丑寅時（1點至5點），正坐轉頭，左右轉引，倒背兩手，捶背各35次，上下兩齒相叩，吐濁納清，咽下津液。

主治：風濕留滯、肩背痛、胸痛、脊膂痛、脇肋髀膝經絡外至脛絕骨外踝前及諸節皆痛、少氣咳嗽、喘渴上氣、胸背脊膂積滯之疾。

15. **白露八月節坐功圖勢**

方法：每日丑寅時（1點至5點），正坐，兩手按膝，轉頭扭頸各15次，上下兩齒相叩，吐濁納清，咽下津液。

主治：風氣留滯腰背，經絡灑灑振寒，若伸數欠；或惡人與火，聞火聲則驚狂瘧汗出。鼻衄、口喎、唇胗、頸腫、喉痹不能言。顏黑、嘔呵欠，狂歌上登，欲棄衣裸走。

圖1－15

運主太陰四氣，時配足陽明胃燥金。

圖1－16

運主陽明五氣，時配足陽明胃燥金。

16.**秋分八月中坐功圖勢**

方法：每日丑寅時（1點至5點），盤足而坐，兩手掩耳輪，左右反側各15次，上下兩齒相叩，吐濁納清，咽下津液。

主治：風濕積滯、脇肋腰股、腹大水腫、膝腰腫痛、膺乳氣沖股、伏兔骨行外廉足跗諸痛、遺溺失氣，賁響腹脹、髀不可轉、膕以結、腨似裂、消穀善飢、胃塞喘滿。

17.寒露九月節坐功圖勢

方法：每日丑寅時（1點至5點），正坐，舉雙臂，湧身上托，左右上托各15次，上下兩齒相叩，吐濁納清，咽下津液。

主治：諸風寒濕邪、挾脇腋經絡沖動、頭痛目暗、脫頂如拔、脊痛腰折、痔、瘧狂癲病、頭兩邊痛、頭囟頂痛、目黃淚出、鼻衄、霍亂諸疾。

圖1－17

運主陽明五氣，時配足太陽膀胱寒水。

18.霜降九月中坐功圖勢

方法：每日丑寅時（1點至5點），平坐，伸兩手攀兩足，隨用足尖力，縱伸而復收35次，上下兩齒相叩，吐濁納清，咽下津液。

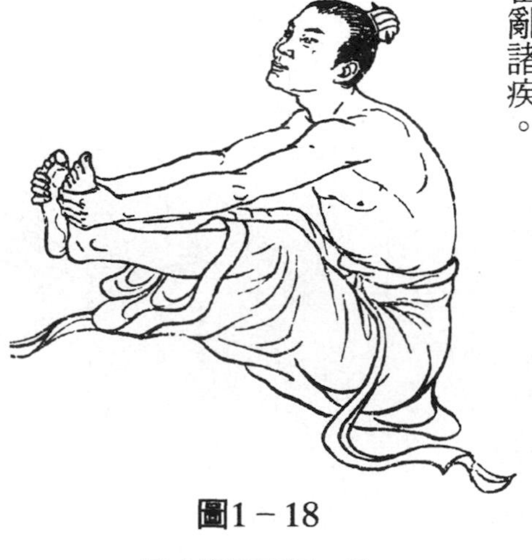

圖1－18

運主陽明五氣，時配足太陽膀胱寒水。

主治：風濕痹入腰腳，髀不可曲，膕結痛，臑裂痛，頂、背、腰、尻、陰、股、膝、脾痛，臍反出，肌肉痿，下腫，便膿血，小腹脹痛，欲小便不得，藏毒筋寒，腳氣，久痔脫肛。

19. 立冬十月節坐功圖勢

方法：每日丑寅時（1點至5點），正坐，兩手斜伸，扭頸伸頷，左右轉換各21次，上下兩齒相叩，吐濁納清，咽下津液。

主治：胸脇積滯、虛勞邪毒、腰痛不可俯仰、嗌乾、面塵脫色、胸滿嘔逆餐洩、頭痛耳無聞、頰腫、肝逆面青、目赤腫痛、兩肋下痛引小腹四肢、滿悶眩冒、目瞳痛。

圖1－19

運主陽明五氣，時配足厥陰肝風木。

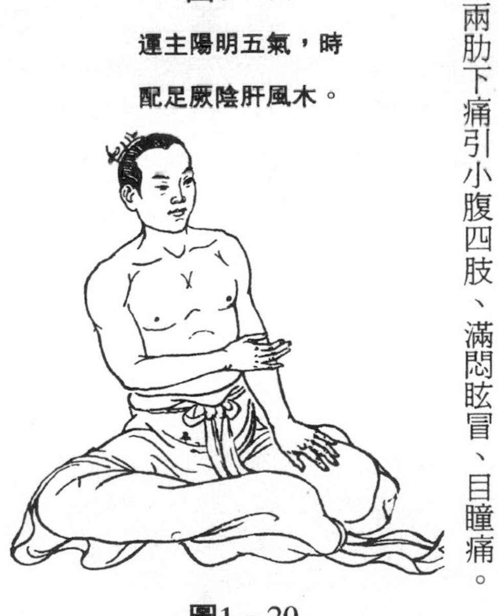

圖1－20

運主太陽終氣，時配足厥陰肝風木。

20.小雪十月中坐功圖勢

方法：每日丑寅時（1點至5點），正坐，一手按膝，一手挽肘，左右爭力各35次，上下兩齒相叩，吐濁納清，咽下津液。

主治：脫肘風濕熱毒、如人小腹腫、大夫㿗疝狐疝、遺溺、閉癃血睪疝、足逆寒胻善瘈、節肘腫、轉筋、陰縮、兩筋攣、洞洩、血在脇下、喘善恐、胸中喘、五淋。

21.大雪十一月節練功圖勢

方法：每日子丑時（23點至3點），起身抬膝，兩手左右托，兩足左右踏，各35次，上下兩齒相叩，吐濁納清，咽下津液。

圖1－21

運主太陽終氣，時配足少陰腎君火。

圖1－22

運主太陽終氣，時配足少陰腎君火。

主治：腳氣風濕毒氣、口熱舌乾咽腫、上氣嗌乾及腫、煩心心痛、黃疸腸澼陰下濕、飢不欲食，面如漆、咳唾有血、渴喘、目無見、心懸如飢，多恐常若人捕等症。

22.冬至十一月中坐功圖勢

方法：每日子丑時（23時至3點），平坐，伸兩足，拳兩手，按兩膝，左右用力15次，上下兩齒相叩，吐濁納清，咽下津液。

主治：手足經絡寒濕，脊骨內後廉痛、足痿厥、嗜臥、足下熱、臍痛、左脇下背肩髀間痛、胸中滿、大小股痛、大便難、股大頸腫、咳嗽腰冷、臍下氣逆。

23.小寒十二月節坐功圖勢

圖1－23
運主太陽終氣，時配足太陰脾濕土。

圖1－24
運主厥陰初氣，時配足太陰脾濕土。

方法：每日子丑時（23點至3點），正坐，一手按足，一手上托，兩手互換，極力15次，上下兩齒相叩，吐濁納清，咽下津液。

主治：榮衛氣蘊、食即嘔、胃腔痛、腹脹噦瘧、飲發中滿、食減善噫、身體皆垂、食不下煩心、心下急痛、溏瘕泄、水閉、黃疸、五泄、注下五色、大小便不通。

24. 大寒十二月中坐功圖勢

方法：每日子丑時（23點至3點），兩手向後，踞床跪坐，一足直伸，一足用力，左右各15次，上下兩齒相叩，吐濁納清，咽下津液。

主治：經絡蘊積諸氣、舌根強痛、體不能動搖或不能臥、強立、股膝內腫、尻陰臑胻足背痛、腹脹腸鳴、餐泄不化、足不收行、九竅不通、足胻腫若水腫。

二十四季節坐功圖勢，姿勢多樣，運氣細柔，且有配合的叩齒、吐納、嗽嚥等符合優秀氣功所具有之特點，尤其所防治的疾病種類較多，是一般氣功所不及的。這些疾病有的是經絡所屬疾病；有的是臟腑相關疾病；有的是只能用陰陽五行生剋、制化所解釋的疾病。此類情況可能與坐功圖所遵循的天干地支、五運六氣理論有關。分析陳博所處時代爲唐、五代時期，當時社會上流行著的哲學思想爲陰陽五行學說，而這種學說影響著各個科學領域，醫學也不會例外。由於歷史條件所限，二十四季節坐功圖勢夾雜著一些這樣那樣的學術思想，是完全可以理解的。問題是這種氣功有沒有實際療效，有沒有科學價值，有沒有實用意義。

首先從命題和方法上看。二十四季節坐功圖勢不是在任何情況下都取千篇一律的姿態，而是因外界時令變化，坐功姿勢隨之變化，使人的吐納、運動符合或順應自然環境，這一功法是優於一般氣功的。第二，二十四季節坐功圖勢的方法多種多樣，姿態輕鬆優美，運氣柔緩細勻，作起來感到臟腑器官活動協調，內外相貫，聯繫緊密，使人的內環境與外環境相一致。第三，實踐證明，二十四季節坐功圖勢實際所防治的疾病，雖然沒有文獻記載的那樣多和奇效，但如果能夠認眞按二十四季節坐功圖勢去鍛練，對腫瘤病人自家療養會有莫大收益的。當然，對於該坐功圖勢其中的不足部分和難以理解的理論，應本著繼承發揚中國醫學遺產，取其精華，去其糟粕的精神，「古爲今用」。

三、十二段錦練功法

古代十二段錦與八段錦是兩種功法。八段錦是外功，屬於鍛練身體的運動方法，相當於現代的健康體操，要領是：「雙手托天理三焦，左右彎弓似射雕。調理脾胃需單舉，五勞七傷向後瞧。搖頭擺尾瀉心火，雙手攀膝固腎腰。怒目握拳增氣力，背後啟顛百病消。」十二段錦是一種內功導引法，也就是氣功的一種，不過這種氣功不單就是行氣呼吸，而是配合輕微運動。它實際上是中國古代導引法的正宗，經過歷代的演變，吸收了古代各法之長，成爲現有形式。動作吸收了古代各法有閉目凝神、叩齒嗽咽、運動按摩、存想運氣、呼吸吐納等方法，是中國歷代導引按摩方法的重要總結之一。

十二段錦的源流不詳，有人從清代徐文弼編的《壽世傳眞》裡發現十二段錦記載內容完全和八段錦一樣，歌訣照舊，只是圖由八個改爲十二個，說明較爲詳細。故此本書據此加以介紹。

這一功法，簡單靈活，歌訣順口，邊作邊想，口誦心維，使思維、口誦與形體活動密切結合，適於群體練功統一指導。此法因容易學習，收效較快，深受廣大群衆歡迎，故容易普及推廣，實爲腫瘤病人自家療養、老人強身保健益壽延年的優選功法。

十二段錦總訣是：閉目冥心坐，握固靜思神。叩齒三十六，兩手抱昆侖。左右鳴天鼓，二十四度聞。微擺撼天柱，赤龍攪水津。鼓漱三十六，神水滿口勻。一口分三咽，龍行虎自奔。閉氣搓手熱，背摩後精門。盡此一口氣，想火燒臍輪。左右轆轤轉，兩腳放舒伸。叉手雙虛托，低頭攀足頻。以候神水至，再漱再呑津。如此三度畢，神水九次呑。咽下汩汩響，百脈自調勻。河車搬運畢，想發火燒身。舊名八段錦，子后午前行，勤行無間斷，萬病化爲塵。

以上係通身合總，行之要依次序，不可缺，不可亂。先要記熟此歌，再詳看後圖及各圖詳註，各訣自無差錯。十二圖附後。

1. 閉目冥心坐，握固靜思神

盤腿而坐，緊閉兩目，冥亡心中雜念。凡坐要豎起脊樑，腰不可軟弱，身不可依靠。握固者握手牢固，可以閉關祛邪也；靜思者靜息而存神也。

圖2－1

圖2－2

2. 叩齒三十六，兩手抱昆侖

上下兩齒相叩作響，以三十六聲。叩齒以集身內之神使不散也。昆侖即頭，以兩手十指相叉抱住後頸，即用兩手掌緊掩耳門，暗記鼻息九次，微微呼吸不宜有聲。

3.左右鳴天鼓，二十四度聞

記算鼻息出入各九次畢，即放所叉之手。移兩手掌搓耳，以第二指疊在中指上作力，放下第二指重彈腦，要如擊鼓之聲。左右各二十四度，兩手同彈共四十八聲，仍放手握固。

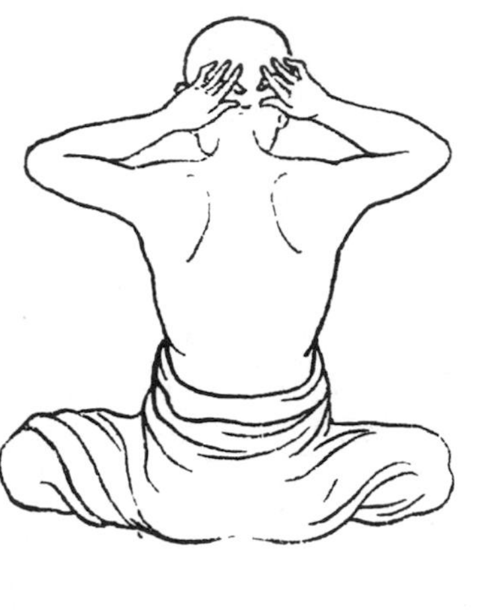

圖2－3

4.微擺撼天柱

天柱即後頸，低頭扭頸向左右側視，肩亦隨之，左右招擺各二十四次。

圖2－4

5.赤龍攪水津，鼓漱三十六，神水滿口勻，一口分三咽，龍行虎自奔

赤龍即舌，以舌頂上顎，又攪滿口內上下兩旁，水津自生，鼓漱於口中三十六次。神水

即津液，分作三次，要汩汩有聲呑下。心暗想，目暗看，所呑津液直送至臍下丹田。龍即津，虎即氣，津下去，氣自隨之。

圖2－5

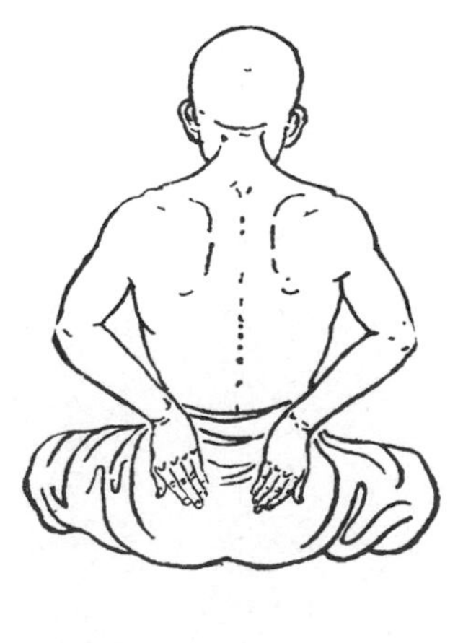

圖2－6

6. 閉氣搓手熱，背摩後精門

以鼻吸氣閉之，用兩掌相搓擦，極熱急分兩手，摩後腰上兩邊，一面徐徐放氣從鼻出。精門即後腰兩邊軟處，以兩手摩三十六遍，仍收手握固。

7. 盡此一口氣，想火燒臍輪

閉口鼻之氣，以心暗想，運心頭之火下燒丹田，覺似有熱，仍放氣從鼻出，臍輪即臍丹田。

8.左右轆轤轉

前臂彎曲，先以左手連肩圓轉三十六次，如絞車一般，右手亦如之。此爲單轉轆轤法。

9.兩腳放舒伸，叉手雙虛托

放所盤兩腳手伸向前，兩手指相叉，反掌向上，所叉之手於後頭頂作力上托，腰身俱著力上聳手，要如托重石。托上一次又放手，手安頭頂又托上，共九次。

10.低頭攀足頻

以兩手向所伸兩腳作力扳之，頭低如禮拜狀，十二次，仍收足盤坐，收手握固。

11.以候神水至，再漱再吞津，如此三度畢，神水九次吞，咽下汩汩響，百脈自調勻

圖2－7

圖2－8

圖2－9

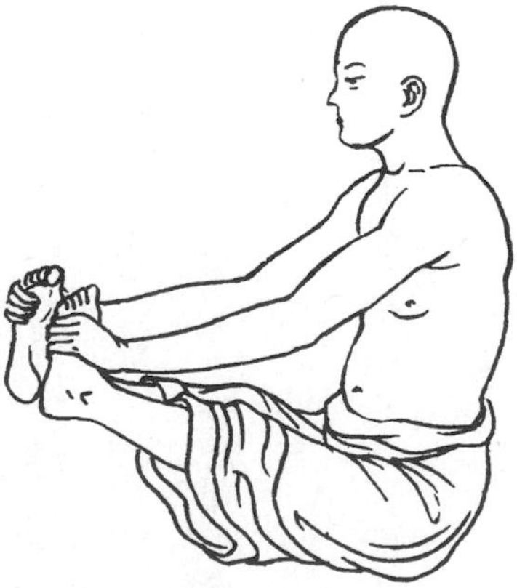

圖2－10

再用舌攪口內，以候神水滿口，再鼓漱三十六，連前一度，此再兩度共三度畢，前一度作三次呑，此兩度作六次呑，共九次呑，如前咽下，要汩汩響聲，咽津三度，百脈自周遍調勻。

12.**河車搬運畢，想發火燒身，舊名八段錦，子後午前行，勤行無間斷，萬病化為塵**心想臍下丹田，似有熱氣如火，閉氣如忍大便狀，將熱氣運至谷道，即從大便處升上腰間、背脊、後頸、腦後、頭頂止。又閉氣從額上兩太陽耳根前兩面頰，降至喉下、心窩、肚臍下丹田止，想是發火燒通身皆熱。

四、五禽戲練功法

五禽氣功，有著悠久歷史，起於漢朝，相傳爲沛國譙人華佗所創。廣泛流傳民間，作爲健身的秘法。五禽戲是模仿猿、鹿、虎、熊、鶴五種動物生動活潑的姿態來練習的一種氣功。有預防疾病和健身益壽的作用。其道理，華佗認爲：「人體欲得勞動，但不可使極耳。動搖則谷氣得銷，血脈溶通，病不得生。譬如戶樞，終不朽也。是以古之仙者，以導引之事，熊經鴟顧，引挽腰肢，動諸關節，以求難老。我有一術，名五禽之戲：一曰虎，二曰

圖2－11

圖2－12

鹿，三曰熊，四曰猿，五曰鳥。亦以除疾，兼利蹄足，以當導引，體有不快，起作一禽之戲，怡而汗出，因以著粉。身體輕便而欲食。」此種方法，歷代相傳。在防病、健身、腫瘤病人自家療養中仍不失其作用。特此介紹，以作參考。

五禽戲的基本方法，主要是運動吐納和拍打。以運動吐納來促進氣血流通，以拍打來堅實肌肉。運動就是模擬五種動物的舉止活動行為，後面詳述。吐納就要重視呼吸方法。一般首先閉口，舌抵上顎，用鼻孔先吸氣，後呼氣。呼吸要自然。氣的出入，應細長緩慢，要自己聽不見氣的聲音。吸氣時，力求擴大胸廓，吸滿胸間，稍停片刻，緩慢呼出，使胸、腹、膈肌，隨氣的呼出而復原。而後連續呼吸，至規定次數為止。

在呼吸時，以意導氣，氣歸丹田，以助練功。

在練功前，應選擇空氣新鮮，環境清潔的地方，須解開領扣，放鬆褲帶，使血脈流通。

每次練功需30～50分鐘，每日練功1～2次為宜。時間以飯前練功為好。

五禽戲具體練功方法如下：

㈠猿功

猿功為五禽戲第一步功，共呼吸十五息。目的為堅實丹田，遍及全身。身體直立，兩手下垂，兩腳併攏，腳尖與身體成直線，頭微低，心意貫注丹田，此爲練功的準備姿勢，見圖3－1。

⑴開始運動。手腕伸直，兩手中指尖相接觸。手心向上，置於小腹之下，頭微低，眼視丹田與中指接觸，行呼吸一次，爲第一息，見圖3－2。

⑵立正姿勢，兩手上移，靠近丹田，神意貫注兩手與丹田，行呼吸一次。爲第二息，見圖3－3。

⑶兩手上移至小腹，兩手隨即高舉向上，仍成正面之半圓線。兩眼隨指尖交接處而上

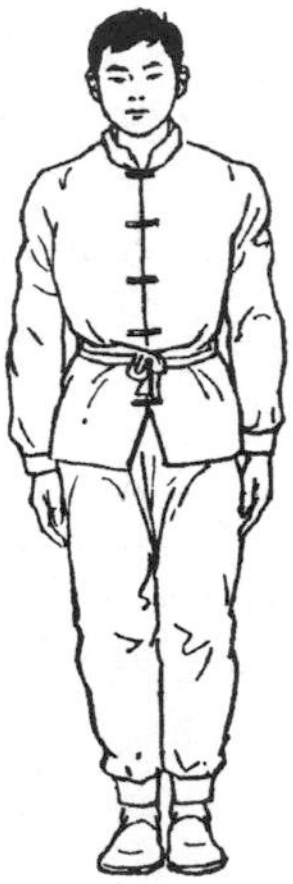

圖3－1

圖3－2

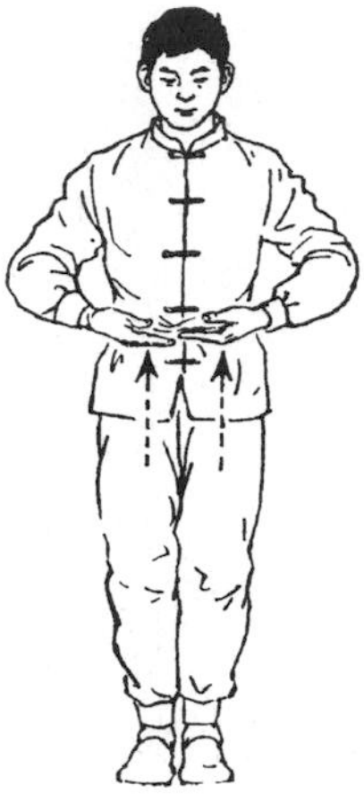

圖3－3

圖3－4

視，兩眼伸直，手心向下，均勻吸氣，見圖3－4。

⑷兩手直向面前放下至小腹，眼光亦隨之注視丹田。兩手隨即上提，分置腰際，指尖向後，掌根向前，中指平臍，均勻呼氣，為第三息，見圖3－5。

圖3－5

圖3－6

圖3－7

圖3－8

圖3－9

⑸以圖3－5姿勢，呼吸三息。再兩腳向左右張開一步半，兩腿伸直，同時手亦向左右伸直，手背向上與肩平行，如大字形，見圖3－6。

⑹兩手平行向前移，交叉下腹，神意貫注兩手，此爲吸氣時間，見圖3－7。

⑺吸氣完畢，兩手臂隨即翻下。上體微向前傾，成20度或30度，隨即呼氣。手握成拳，但不要用力，立即向肋際縮回，拳達肋際時，分置肋際左右，注意拳不可挨肋。氣即呼畢，見圖3－8，和圖3－9。

⑻以圖3－8姿勢行呼吸七息。再伸直上體，收回兩腳，成立正姿勢。兩拳以肋際上提至下頷合併，隨即吸氣，見圖3－10。

⑼兩拳分開，從腋下循肋繞至背後，手指隨即向下直插，手心向後，指尖向下，同時呼氣。這是手背與肘的運動，見圖3－11。

⑽兩手分置左右腿旁，氣亦呼盡，是爲第十五息，其姿勢與圖3－1同。

以上爲一遍猿功的全部動作。如此反覆十次爲猿功一套。此種猿功練到十五天之後，會出現丹田膨脹發熱，谷道下氣，胸膈逆氣等現象。因此必須拍打，使氣血通暢。

拍打方法：由別人來協助拍打。拍打的手與被拍打的人皮膚相距一尺遠近。開始用指拍，次手掌拍，再用拳拍，最後再用鐵砂袋拍打，見圖3－12。

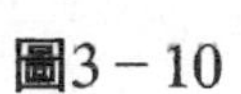

圖3－11

圖3－12

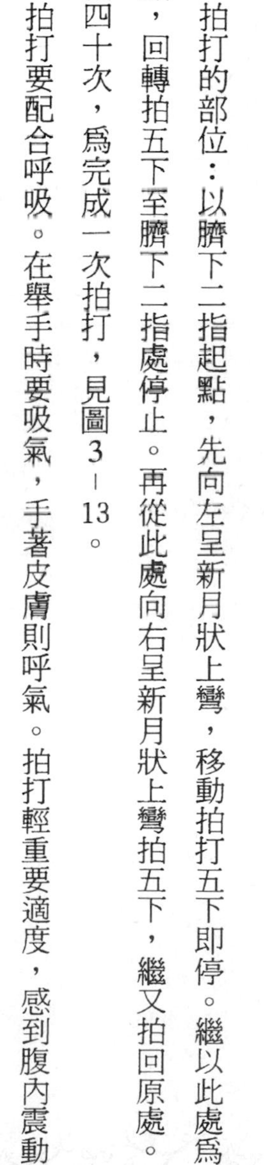

拍打的部位：以臍下二指起點，先向左呈新月狀上彎，移動拍打五下即停。繼以此處爲起點，回轉拍五下至臍下二指處停止。再從此處向右呈新月狀上彎拍五下，繼又拍回原處。共拍四十次，爲完成一次拍打，見圖3－13。

拍打要配合呼吸。在舉手時要吸氣，手著皮膚則呼氣。拍打輕重要適度，感到腹內震動感時則停止。嚴禁拍打肋骨。

㈡鹿功

鹿功爲五禽戲第二步功，共呼吸十九息，目的是堅實胸、臍、腰椎功能。練功方法爲：

⑴兩腳左右自然分開，與肩同寬，背脊伸直，小腹微微挺出，頭部稍向前俯。兩手中指尖相接，手心向上，置於臍際，神意注視丹田，行呼吸一息，見圖3－14。

⑵兩手上移至乳際，神意注視丹田，行呼吸一息，見圖3－15。

⑶將合於乳際的兩手變成掌形，隨即向前、向上伸直，頭亦隨之後仰，注視手掌，同時吸氣，見圖3－16。

⑷將頂上前方的合掌直線放下至胸部，隨即呼氣。神意隨之而下注視丹田，此時即將合掌分開，各分置於肩髀際，掌心向前，呼吸即畢，此爲第三息，見圖3－17。

圖3－13

圖3－15　　圖3－14

圖3－16

圖3－17

圖3－18

(5)以上姿勢，行呼吸五次後，兩手即由兩肩左右伸出，使成平行線，手心向下，似「大」字形，見圖3－18。

(6)兩手由左右平移至前方相交，手心向下，同時吸氣。此時神意注視兩手，見圖3－19。

(7)兩手握拳，平分左右復成「大」字形。接連分向背後腰眼中間，拳仍不放開，一拳在上，一拳在下，拳背挨著背脊，腳即併攏，呼氣乃盡，見圖3－20。

(8)以上姿勢，行呼吸九息，以至十至十八息。

⑼兩拳分開，手肘上提拳仍在背，即行吸氣。隨即張開拳頭，手心向後，指尖向下，循背肋向下直插，然後兩手放回兩腳旁原處，呼氣乃盡。是爲第十九息。

圖3－19

鹿功不能單獨練習，應先作猿功一遍，繼作鹿功七遍，然後拍打鹿功部位，拍打後再作鹿功一遍，再作猿功七遍，並猿功拍打之後，復作猿功兩遍，始告完畢。

鹿功拍打法：在練功15～30天之後，即可用手掌或鐵砂袋拍打。以拍臍上方兩指爲起點，先向左平行移動拍打五下，繼又回拍五下至起點；復從起始向右平行拍五下，隨又回拍五下至原處。如此反覆共拍四十下即停止。

拍打時注意，上不可接觸胸口，下不可觸臍，兩旁不可觸及肋骨。以免震傷內臟。

圖3－20

㈢虎功

虎功爲第三步功，共呼吸二十息。目的是增進臂力和強健筋骨。

⑴練法是身體正立，左腳跟抵右腳跟成丁字形，兩手的十指相交叉，手心向上，置於左

圖3－21

圖3－23

圖3－22

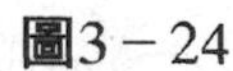

圖3－24

胯旁，上身左扭，行呼吸一息，見圖3－21。

(2)將相叉之手，向上移至左乳側，行呼吸一息，以上兩口氣的操作，均須注神意於兩手交叉處，見圖3－22。

(3)以相叉的兩手翻向下，並作拱手狀，立即上升，神意亦注於手之交叉處而上視，此爲吸氣時間，見圖3－23。

(4)兩手仍以交叉狀，自頭上左方向下落至左膝際，又平移至右膝際。兩膝同時彎曲，左腳小趾連腳根輕輕著地，大趾的一面則虛懸，神意隨手注視，同時呼氣，是爲第三息，見圖

3－24。

(5)兩手仍以交叉狀，自右膝移回左膝際，爲吸氣時間。隨即撤手，左手伸直向後方劃半圓圈伸向前方，肱與耳接，掌心向前，指尖向上。右手曲肘，置於肋際，掌心向下，右腳用力，支持全身，爲呼氣時間。至於神意，隨手的動作而轉移。呼氣時，則注意丹田，此爲第四息。如此反覆，呼吸五次，連前共九息，見圖3－25。

(6)左肘直向前方，掌心向外，指尖向上，掌比肩略高。然後盡力平移到後方，身體亦隨之扭轉，此爲吸氣時間，見圖3－26和圖3－27。

圖3－25

圖3－27

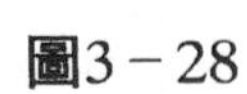

圖3－26

圖3－28

⑺左右手同時握拳，右手拳心向上，左手拳心向下，向前移動，右拳置右肋際，此為呼氣時間。神意先是隨手轉移，至此仍注視丹田，是為第十息。如此連練反覆再練九次，是為第十一息至第十九息，見圖3－28。

⑻左拳下按四、五寸，立即縮回。當縮拳時，身體立直即將兩拳移置胸前，與兩肘成平行線，此乃吸氣時間。然後兩拳後乳部斜行，循肋部繞到背後，氣亦隨之而呼，手指漸開，向下直插，與圖3－11和圖3－1略同。其不同點，僅腳為丁字形。共成二十息。

練功次序，先作猿功一遍，後拍打猿功部位。再作猿功一遍，便開始練虎功。左右各兩遍，即拍打虎功部位，然後又作虎功左右各一遍。再作猿功七遍，又拍打猿功部位，然後又作猿功一遍，即完成一遍練功。

虎功拍打法，是在練功時拍打，當練到第四息時，從前面腋下起，直線向上拍打，拍到肩部時，便直線向下沿背部打至腋下，圖3－29和圖3－30。如此來回拍打第九息時即停止。繼續練虎功到第十一息時，則又如前法拍打，拍至第十九息時停止。在練左邊時拍左邊，在練右功時則拍右邊。初用掌拍，繼用拳拍，後用鐵砂袋拍打。最後還可用四方形木錘按上平頭釘擊打。久久練功，久久拍打，能使皮膚筋骨達到堅實的程度。

圖3－29

圖3－30

圖3－31

圖3－32

㈣熊功

熊功是五禽戲第四步功，共十九息。目的是鍛練四肢，增強腰力。

⑴第一、二息的姿勢與圖3－21、圖3－22的方法相同。從第三息起，則以交叉的兩手心翻轉，伸向前方，作合掌狀，同時呼吸。如此反復行呼吸五次共八息，見圖3－31。

⑵將合掌的兩手，緩慢地下移至小腹部，同時吸氣。合掌分開時，則同時呼氣。右手上伸，臂肘伸直，掌心向內，用力向背後振。左手曲肘置肋際，手掌向後，手指伸直向下，俟氣呼畢，即爲第九息，見圖3－32。

(3)兩手握成拳頭，同時吸氣，即將上下兩拳移至胸部，拳與兩乳平行，同時呼氣。如前法呼吸9息。以下動作，與猿功收尾姿勢相同，是爲第十九息。

練熊功之前先作猿功一遍，拍打猿功部位，再作猿功一遍，再作熊功左右各四遍。作到第三遍時，便開始熊功拍打，拍打與練功同時進行。拍後作熊功左右各一遍，又作猿功七遍，拍打猿功部位，再作猿功一遍。最後作肢體活動，活動完畢散步數分鐘，爲一套熊功。

熊功拍打是從第四息開始，從腰眼沿背後橫行拍至對側腰眼處，反覆拍到第八息停止。繼又從第十息起，從胸口下七、八分處向下拍至腰眼，反覆拍至第十八息停止。

注意：:；胸口左右各二指寬處，切不可拍打。以免損傷心臟。沿肋拍打不可觸及肋骨，以免震傷肝、脾、肺臟。初拍用掌，次用拳，最後用鐵砂袋拍打。

(五)鶴功

鶴功爲五禽戲最末一功，共呼吸二十五息。目的是鍛練頭頸及胸背。

(1)兩腳張開二尺左右，兩膝略屈，作騎馬

圖3－33

圖3－34

勢，脊背伸直、胸部前挺。臀部微向後聳，兩手交叉，手心向上，置於臍際。目神心意注視丹田，行呼吸一息，見圖3－33。

(2)將雙手上移至胸部，行呼吸一息，此爲第二息，見圖3－34。

(3)將交叉的兩手，轉向外面，向外上方直伸。伸肘則吸氣，伸完時則呼氣，見圖3－35。如此反覆行呼吸五息。

(4)兩手散開，同時吸氣，隨即握拳收回，同時呼氣。拳頭向上，與兩肩相平，頭微低，神意貫注丹田，是爲第九息，見圖3－36。

此時如前法呼吸九息，繼續第十息至第十八息。

(5)兩腿伸直，兩手各向左右直伸，拳頭散開，手心向下，如「大」字形，行呼吸一次，

圖3－35

圖3－36

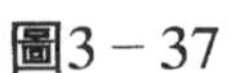
圖3－37

是為第十九息，見圖3－37。

此時如前法呼吸五息，是為二十四息。

(6)手同時收回，手握成拳，置於胸際。以下動作，與猿功收尾姿勢同，是為第二十五息。

凡練鶴功，應先作猿功一遍，緊接作鶴功一遍，如此反覆練習，感到身體疲倦為止。俟到收功時，進行拍打。先進行鶴功拍打，次進行猿功拍打，拍後須再作一遍才收功。這樣即五禽戲為從猿功開始，猿功結束。

鶴功拍打從第四息到第八息，從尾骨開始循背脊骨，向上移動拍至頂部而停止。練到第十息，再從天突穴分左右，以兩乳部為中心，圍繞著拍打，拍到鎖骨部位，拍至第十八息停止。自第十九息至第二十五息，則拍打「將台」。方法是一面練，一面拍，與虎功、熊功的拍打法相同。

鶴功的拍打，除用掌、拳、鐵砂袋外，還要練習用圓木球棍，觸抵胸口，以增加胸口對外界的抵抗力。

圓木球棍的做法：將直徑二市寸木球按在二市尺長的圓棍上作柄。木球與柄端鄰接外繫一小繩。練到第九息時，將小繩掛在頸上，圓球放置胸部，柄端接觸地面，圓球端抵位胸口，見圖3－38。待九息呼吸完畢，即可取下。

五禽戲練功結束時，需作肢體活動。活動法為兩腳向左右各踏半步，腳尖向前，兩膝向下微屈，成騎馬勢，先用左手拍右肩部，右手拍左肩部，隨便交換拍打，見圖3－39。拍時兩手盡量向左右伸直，然後收回。每次拍打以十到三十次為限，以後只能增加，不准減少。

肢體活動完畢，改為側面。其練法是將上身移向右側，右腿仍保持下屈，左腿則向後伸宜，作成前弓後箭的姿勢（練功術語叫弓箭步）。這時左手由前向上、向後、向下繞成一圓圈甩動，甩至三十至五十次時，再將左手由後向上、向前，向下繞成大圓圈甩動，仍以三十至五十為限。隨即改變方向，將身轉向左方，變

圖3－40　圖3－39　圖3－38

成左腳弓、右腳箭的姿勢，仍如前法以右手甩圈，見圖3－40。甩完之後，再作數分鐘的散步，即告完結。

以上為五禽戲常用主要練功方法。練習容易，但純熟很難。一旦掌握，收益很大。堅持練功，得以健康長壽。此外，還有頂功、底盤功、梢節功，病人不易接受，故不介紹。

五、動功練功法

在站功的基礎上，感到丹田氣滿，守著丹田，再練動功。所謂動功指的是，內功為主，內外結合，動中有靜，靜中生動，消除雜念，心平氣和，凝神靜息，心意靈活，用意不用力，意動則氣動。把精神運用到全身，一切全身都動，周身血氣暢通，起到保健作用。

下面簡單介紹基本動功、有意動功、自發動功等方法：

㈠基本動功

1.準備功

⑴睁眼內視左腳，以意引氣從左腳心上升，經左膝、左胯、左半身上升到頭頂；從頭頂再使氣沿右半身、右胯、右膝下降到右腳心。然後再從左腳心引起，向右腳心降，如此做四

次。

(2)反過來同樣從右腳心升，向左腳心降，也做四次。

(3)最後從兩腳心把氣同時向上升，經兩胯、會陰、尾閭、命門、夾脊、玉枕、性宮（頭頂），引到兩眼之間，稍停，然後，降到丹田。定一下神，再降到兩腳心。從兩腳心再把氣經脊柱和頭頂引向印堂，再降到兩腳心，如此進行三次。

(4)上述所有升降，均伴有眼和意的升降。同時升時可伴有起立動作，降時可伴有下蹲動作，也可不伴有動作。

(5)最後把氣從兩腳心引到丹田，守著丹田選練下列動作。

2. **操球功**　站立可無極式（自然站立，兩腳分開如肩寬，腳尖指向前方，兩臂自然下垂，兩眼內視丹田，兩腿微屈），或隨意式，同時兩臂前平舉，如抱球狀（球大小不限）。意守丹田，想像著丹田內似有球在滾動，並帶著兩臂做動作，揉動的方向不限。

3. **抹牆功**　站成無極式或隨意式，兩臂微屈，手心向前。站在壁前或假想著站在壁前，意想著丹田，由丹田氣帶動抹牆。

4. **摸魚功**　站成隨意式或無極式，兩臂前伸，手心向下，意守丹田。兩手做平面劃圈動作，一面劃圈，一面徐徐前行，如摸魚狀。

5.**收發功**　兩腳前後分立，兩臂自然下垂，腿微屈。意想氣從腳心引向尾閭到夾脊，這時兩臂就會自然向前發出。然後，再用意把氣引向尾閭，兩臂也就自然地收回。如此一發一收，反覆進行。

6.**抓拳功**　隨意站立，意守丹田，兩臂同時或交替平舉、上舉和側舉，手指伸展。然後，想著丹田往回抓（握拳），同時兩臂屈肘收回於腹部或肩部。如此一伸一抓拳，反覆進行，次數不限。

㈡有意動功

掌握基本動功之後，可轉做有意動功。以意引氣用氣支配四肢有規律地活動。

1.**準備功法**

⑴站成無極式或隨意式，心定丹田，意無雜念，呼吸均勻，兩眼輕閉，內視丹田，耳聽丹田，輕輕閉口用鼻孔徐徐向命門吸氣，感到丹田與命門呼吸相通，稍停片刻，等候呼氣。這樣一呼一吸，心意也隨之呼吸，使之細勻，呼氣綿綿，吸氣微微。這時丹田動，意也隨著動，不動就守，守久便動。

⑵收功時，男子要意想把丹田之氣，從丹田左上方向右轉，從內向外，由小到大轉三十六圈，然後沿原來路線，從外向內，由大到小轉二十四圈。女子轉圈方向與男子相反。轉圈

目的是把氣收斂起來，納入丹田。

(3)收功後，兩手搓熱，然後搓臉和頭部。

(4)練功時間，每次30～60分鐘，每日1～2次，鍛練30天後轉入下一步功法。

2. **意動功法**

(1)以上練法，基本熟練，可以轉入意動功法。以意吸氣，分段進行，即一次吸氣分五段連續進行。吸一次，稍停一下，再接著吸，再停，再吸，共吸五停五。必須注意這不是口鼻呼吸，而是命門穴位呼吸，感到肚臍內收，似乎向裡吸氣，吸到命門而不呼出，便守著命門。待有氣在周身運行的感覺，如有指脹、背熱等感應時，即可隨著自發做動作。此時心意仍守命門，不可分散。

(2)如果動作之後，感到氣不足，可再用前法吸氣。

(3)動作雖然自發，但仍受意支配。意想要快，動作就快；意想要慢，動作就慢。有意就有氣，有意就有力。動起來不必害怕，要順其自然。

(4)自發地動起來之後，不可突然停功。而要先暗想應該慢下來，同時停止意守命門。意散氣即散，動作可以慢慢停下來，即可收功。

(5)練功時間，每次60分鐘，每日早晚各一次。此段需練30天轉入下步體動功法。

3.體動功法

⑴在意動功的基礎上，可以發展爲體動功。但首先心靜意隨，守著丹田，氣聚丹田，再將氣吸入命門，叫「三心歸一」。

⑵吸到氣貫全身之後，即可用意使丹田伏氣功動，守著命門任意做動作，隨意向體動。

⑶如果某個部位不舒服，也可以借丹田之氣進行自我按摩，進行自體拍打、揉捏。例如頭暈捏頭，腰痛叩腰。

⑷如果想增長體力，也可運氣進行體動：氣聚丹田，用手指往回抓，前腿同時收回，舌貼上顎，咬牙，肛門和會陰自尾閭提肛，意想毛髮豎起，閉一下口鼻之氣，然後力由後腳心發起，經腰部，向兩臂發出，同時一腿前衝一步，然後收回，再發，再收，如此進行下去。每次發的動作都有「吸貼提閉」（吸氣、舌貼上顎、提肛、閉氣）的過程。如此鍛練，久而久之體力倍增。

㈢自發動功

自發動功是在完全入靜的情況下，守著丹田，以意引氣，支配四肢自發動作。動作有柔有剛，有緩有急，經常變化。但徐徐日久，便可以練出一定的動作規律。

練自發動功，要首先掌握「先定心，心定神凝，神凝心安，心安清靜，清靜無爲，無爲氣行，氣行遂動」。這就是由靜生動，發動起來，不可驟停。自發動功的注意事項是：

(1)練功前鬆解衣帶，解大小便。環境要清靜，空氣要新鮮。坐椅或站立以舒適爲度。休息之後，覺得心平氣和，呼吸均匀，就內視丹田，耳聽丹田，用意念進行丹田呼吸，然後兩眼輕閉，意守丹田。

(2)把丹田之氣吸入命門，感覺兩氣相接不能再吸，閉住口鼻呼吸，等待丹田自然慢慢呼出吸入，稱爲丹田呼吸。

(3)意守丹田或丹田呼吸到一定時間，身體就不由自主地動起來。動起之後，仍要意守丹田，隨其動作，不可抑制。

(4)動作千變萬化，有人手先動，有人腳先動，有人頭先動，不必統一。開始動作，可能不雅觀，甚至有人在地上打滾，碰牆，也不必害怕。但要以意引氣，暗示自己「站起來，慢下來，必要時候停下來」。默默暗誦，自然會隨意活動，漸漸成爲規律，要快就快，要慢就慢，要停就停，隨意而動。

(5)動作停下來，即可收功。收功方法同前。若時間較緊，也可把三十六圈改成九圈，把二十四圈改成六圈。

(6)有人練功很久，動不起來，也不必急躁。只要意守丹田，同樣起到保健作用。

(7)練功後，一時出現酸麻、脹痛、發癢、多汗等現象，不必疑慮，此為正常現象。但應指出，練功時避免情志刺激和外界干擾，這是值得注意的事項。

六、站樁療法練功法

站樁原是中國武術的一項基本功，在中國北方流傳較廣。逐步發展成為有效的醫療體育項目之一，叫作站樁療法。

站樁，顧名思義是擺好一個姿勢，站在那裡猶如樹樁。《內經素問》中稱為「獨立守神」的養生法，近似此種功法。

站樁療法是由姿勢形態（所謂形）和意念活動（所謂意）所組成。站樁時，全身各個關節需要保持一定的角度。同時，還需要一定的意念活動。

(一)站樁療法的角度和基本姿勢

站樁的特徵是使身體關節成為鈍角，避免銳角。使人感覺全身鬆快，心曠神怡，如水飄木。

站樁常用基本姿勢以站立為主，有下述幾種：

⑴休息姿勢，見圖4－1。兩腳略成八字形分開，與肩同寬，兩腳趾微微抓地，全身重量放在腳掌上。兩膝微曲，前不過腳尖。臀部似坐似靠，上身保持正直。兩手反背貼腰，臂半圓，腋半虛，身軀挺拔，正直。

⑵扶按姿勢見圖4－2。兩臂稍抬起，手指微曲並自然分開，指向斜前方，掌心向下，如按水中浮木或浮球。其他同休息姿勢。

⑶托抱姿勢見圖4－3。兩手近不貼身，遠不過尺，手指相對，手心向上相隔約三拳左右，位於膝上，如托抱氣球。其他同休息姿勢。

⑷撐提姿勢見圖4－4。兩手抬至胸前，距胸約一尺，手指自然分開微曲，兩手相隔約三拳左右，手心向內如抱物狀（謂抱式），或

圖4－1

圖4－2

手心向外如撐物狀（謂撐式）。其他同休息姿勢。

㈡站樁療法的意念活動

意念活動是人類有意識的活動。站樁練功時的意念活動有兩種：一是抑制性的；一是興奮性的。站樁促進大腦皮層迅速進入抑制狀態，在醫療保健上有一定的鎮靜作用，有意識地進行興奮性的鬆緊動作的意念活動，可使處於休息狀態的肌肉有秩序地收縮。這樣可以逐步增強機體機能，增長體力，實爲防治疾病的有效方法。

㈢站樁療法的時間

站樁療法的時間，根據自己的體質及病情而定。一般病人15～30分鐘爲宜；身體壯、病情輕者可酌情延長時間；身體差、病情重者可

圖4－3

圖4－4

酌情縮短時間。但是，初學站樁練功時，應循序漸進，逐漸增加，不可求之過急。

㈣站樁療法的應用範圍

站樁療法在醫療保健方面，可以防治各種常見病，包括腫瘤等慢性疾病。長期堅持站樁練功，可以漸步增強體質，預防疾病，延年益壽。

⑴腫瘤病人手術後，體力恢復較慢者，可進行站樁療法。每日飯後練功為宜。

⑵腫瘤病人放射治療時，疲乏無力，口乾舌燥，失眠多夢者，可進行站樁療法。每晚睡前一小時練功為宜。

⑶腫瘤病人化學治療時，食欲不振，消化不良，腹脹便秘者，可進行站樁療法。每日治療前練功為宜。

㈤站樁療法的注意事項

⑴站樁時必須心神安寧，摒除雜念，神不外溢，力不出尖，意不露形，形不破體，輕鬆自如地進行練功。

⑵飢餓、過勞、心情煩躁時不宜練功。出現心慌、頭暈時停止練功。

七、太極拳練功法

太極拳是中國武術運動的一種。由於過去的社會背景，武術具有軍事目的，所以太極拳運動中貫穿著技擊要素。但在掌握技擊本領的同時，必然有強健體質，防病抗衰的作用。因此，學習太極拳的過程，實質上也是保健強身的過程。但它不同於一般體操，因爲在進行太極拳運動的時候也要求鬆、靜，並結合意念與呼吸。它具有動功的特點。所以太極拳是一種動靜結合、老少都喜歡接受的保健抗病運動方法。

(一)太極拳運動時幾點要求：

1. **輕柔鬆靜**　太極拳動作講究鬆靜柔和，防止動作僵硬、緊張和拘束，這是符合生理要求的。它雖然沒有劇烈的踢腿和跳躍動作，但在演練之後，可以使身體暖和，稍出微汗，給人一種輕鬆愉快的感覺。不論男女老幼都可以進行練習，對體力較差的腫瘤病人更爲適宜。太極拳動作要求體鬆、心靜，練拳時要讓全身肌肉關節放鬆，思想安靜。鬆和靜二者具有密關係，只有全身放鬆，才能達到心靜神安。鬆是完成正確姿勢，使動作協調、靈活、速度均勻的保證；鬆應該貫穿鍛練的全過程。我們不能認爲鬆是全身癱瘓無力。事實上，要將動作完成好，自然也要花費一定的氣力，也就是用勁。例如動作中邁出虛步時，踏實的腿便要用一定的力氣來支持體重。但是，支持腿的用力也要求不能過大，以恰能負擔上身體重爲宜，過多地用力易陷於緊張。而虛步的前腿要求輕輕曲起，略微點地，達到幫助穩定重心的目的。虛腿用力過大，就顯得笨拙拘泥。總之，太極拳運動中的所謂鬆，僅要求在完成正確的動作以外，盡量減少多餘肌肉的緊張度，動作愈純熟，愈容易達到鬆的要求。反之，在動作生疏，完成不好時，則難免產生多餘的肌肉緊張現象。因此，練太極拳時，鬆是要領，靜是功夫。

心靜，即所謂「內固精神，外示安逸」。就是要學者在練拳時摒除雜念，專心注意練拳動作，邊想邊作，意到心隨，才能把動作練得柔和、連貫而有節律感。這對消除大腦的緊張，訓練它的功能都有好處。

2. **連貫圓活**　太極拳從起勢到收勢的每一動作都緊張地互相銜接，連成一氣，前後連貫，如環無端。連貫性是與輕柔鬆靜分不開的。輕柔與圓活的動作密切相關。太極拳中的四肢和身體運轉路線要求圓形、弧形，不可直線往來或曲折上下。手腳的姿勢也不應過於伸直或屈曲，而要經常略微彎曲，連貫輕柔的保持類似圓形的飽滿姿態。這種動作是達到各部肌肉、關節舒展靈活的重要因素。因爲太極拳每一個動作都同時要求腰部、手、腳以及全身各

部分參加，即所謂「上下相隨」和「一動而無所不動」。同時還要求呼吸和意念配合。這種高度協調、完整統一的全面鍛練，對增進身體健康和全面發展有很大好處。

3.**意念和動作配合**　每項運動的鍛練都需要意念配合。對動作複雜，要求較高的運動項目更加要求思想意識的高度集中。要求作到「刻刻在心，意隨身隨」，想了就做，做了可想，接連不斷。練拳日久後，只要意念一動，就能隨心所欲地作出正確的動作。即所謂思想不停，動作不停，連綿不斷。

4.**練拳姿勢**　練太極拳時身體要「中正安舒」動作自然。也就是姿勢和動作都應該合乎生理的自然規律，不應勉強，不要做作。具體講，應該精神集中，頭頸正直，項肩放鬆，不要僵硬。頭不可前俯後仰，下頦微向後收，表情自然。

軀幹伸直，頭略上頂，背脊不可後弓。腰肌鬆軟，易於運轉。太極拳運動強調以腰爲主宰，「刻刻留意在腰間」，穩定重心，以腰部帶動四肢。胸部放鬆，胸要內含，既不挺胸，又不駝背。腹肌隨著呼吸自然運動，臀部稍微前收自然下垂。兩肩關節放鬆，避免聳起。

手肘自然下垂，即「沉肩垂肘」。凡是上肢伸展動作，雙手不應過於伸直，應保持上臂和前臂的微曲狀態。上肢收回時，則不要屈得太緊，而應保持一定程度的開展。手腕和手指同樣要舒鬆，前推下按時略微用一些勁，但不要用猛勁。這些要領是防止動作僵硬、緊張和刻板的重要因素。

腿部肌肉、關節應放鬆，膝部要靈活，使其屈伸自然，以便於進退換步、蹬腳或轉身。前進時腳跟先著地，後退時足尖和前掌先落地，然後再將前腳踏實。前進弓步時，後腿伸直。前腿屈曲到膝蓋時，對準腳尖爲度。後坐時以便前腿伸展足跟落於地面。進退時前後兩腳不要踏在一條直線上，以免重心不穩，影響練拳效果。

5.**動作速度**　太極拳動作要求緩慢均勻，連綿不斷。正如《十三勢行功心解》中所謂「邁步如貓行，運動如抽絲」。它是一種精神飽滿、動作輕靈緩和的運動。一般主張緩慢爲好。因爲慢的速度可避免緊張，防止疲勞，動作準確，呼吸勻調。簡化太極拳全套做完，初練者需5分鐘，熟練者需4分鐘。太極拳不必追求過快過慢，應以姿勢正確爲度。

6.**分清虛實**　太極拳的虛實根據肢體在動作中作用的主次或用力多寡來決定。一般說，主要作用或用力較多的部位，其動作多從虛到實，反之則應從實到虛。以手的動作來講，凡上提、前推、前分、交叉在前或手背在前時，前面的手是主手。相反，落在胯旁或後面的手則爲次手。主手動作從起點到終點就是虛到實的過程。如後手向前推出時應由含蓄逐漸舒張，到終點時掌微前凸，頗爲用勁。這是實的頂點。出拳時也是由鬆而緊，收回時又漸由緊而鬆，這是手上虛實的分法。

以腿部來說，凡支撐重心的腿爲實。如弓步時前腿爲實，後腿爲虛。虛步則相反，即後腿爲實。若重心位置含糊不淸，兩腿不分虛實，平均用力，太極拳術語稱犯了「雙重」毛病。難免引起轉換不靈、運動遲滯等毛病，影響效果。

7. **配合呼吸**　太極拳配合呼吸方法主要有兩種：一種是自然呼吸；一種是拳勢呼吸。自然呼吸在練拳時輕閉口，舌抵上顎，用鼻子呼吸。隨著動作熟練，呼吸可逐漸加深，氣流細長，按自然節奏進行。吸氣時把氣沉至小腹部。拳勢呼吸是呼吸與動作相結合。在做胸部舒張的動作時，都應配合吸氣；在做胸部收縮的動作時，應配合呼氣。隨著動作的交換，呼吸也隨之變化。根據「升吸落呼」的原則，進行上下左右活動。

8. **配合眼神**　練武術的人，講究手、眼、身、法、步。練拳也要注意眼神視線。視線正確，精神貫注。眼神主手方面自然觀看，隨動作的不斷變化，視線也隨身體旳姿勢和手的方向不斷變化。如此配合，不但能很好地鍛練目力，而且還可以使意念集中，心神不亂。視線不亂，才能提高運動的質量和效果。

㈡老年及腫瘤病人太極拳動作圖解

太極拳在中國流傳的時間很長，形成若干流派。各流派間的拳式名稱和動作要領雖大同小異，但風格很不一致。老年人或久病體弱人不宜練拳式過硬和拳套過長的太極拳，應該由淺入深，由簡到繁。所以本書介紹國家體委一九五六年正式公布推行的「簡化太極拳」中的十節動作，重新組編，作為老年及腫瘤病人練太極拳之用。

1. 起勢

(1)身體自然直立，不可故意挺胸或收腹，兩腳開立與肩同寬，兩臂自然下垂，眼向前平視，見圖5－1。

要點：頭頸正直，下頷微向後收，胸肌放鬆，姿勢力求自然，精神要集中。

(2)兩臂慢慢向前平舉，兩手高與肩平，手心向下，見圖5－2和圖5－3。

(3)上體保持正直，兩腿屈膝下蹲；同時兩掌輕輕下按，兩肘下垂與膝相對，見圖5－4。

圖5－1

圖5－2

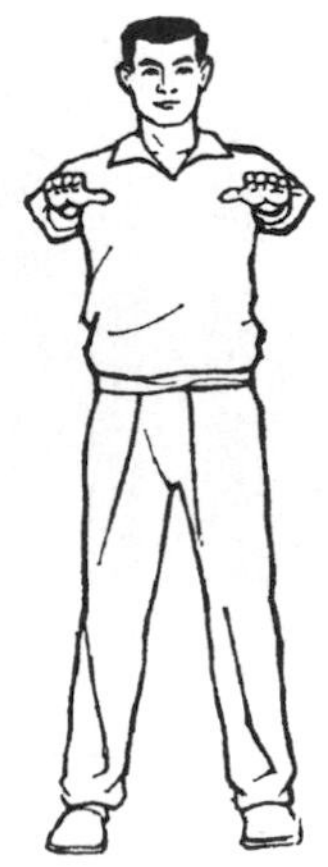
圖5－3

圖5－4

要點：兩肩下沉，兩肘下垂，手指自然彎曲，重心落在兩腿中間，屈膝鬆腰，臀部不可凸出，兩臂下落隨身體的下蹲動作協調一致。

2.**白鶴亮翅**：

(1)上體微向左轉，右手翻掌向左上劃弧與左手成抱球狀，見圖5－5。

(2)右腿前跟半步，上體後坐，重心移至右腿，左腿稍後前移，腳尖點地；同時兩手分別右上左下分開；右手上提停於頭部右側（手心向里），左手落於左胯前（手心向下）；眼看前方，見圖5－6。

要點：；胸部不要前挺，兩臂上下均要保持半圓形，左膝微屈。

3.**手揮琵琶**　右腳進到左腳跟後，左腳提起，向前上半步變虛步，腳跟著地，膝部微曲，同時左手由左下向上舉，交與鼻尖齊平，臂微屈，右手收回放在左臂肘部內側，眼看左手食指，見圖5－7～圖5－9。

圖5－5

圖5－6

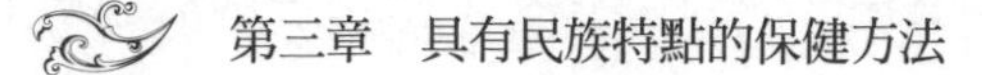

圖5－9

圖5－8

圖5－7

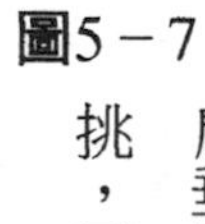

要點：上身平穩自然，臀部不要外凸，沉肩垂肘，胸部放鬆；左手上提時不要直向上挑，要微帶弧形。

4. 單鞭

(1) 右手向右側運轉到右上方時變鉤手，左手經腹前向右上劃弧至右肩前，眼看左手，見圖5－10～圖5－12。

圖5－11

圖5－10

(2)上體微向左後轉，左腳邁出，變左弓步；同時左掌翻轉向前推出，成單鞭式，見圖5－13和圖5－14。

要點：上身正直、鬆腰，避免前俯；右臂肘部微垂，左肘與左膝上下相對，兩肩下沉。全部過渡動作要協調一致。

5. **高探馬**

(1)右腳跟進半步，右鉤手變掌，兩手心翻轉向上，肘部微屈；同時身體微向右轉，左腳跟提起成左虛步，眼看左手，見圖5－15。

(2)右掌經右耳旁向前推出，左手心收至左腰前側，手心向上，眼看右手，見圖5－16。

要點：上身自然正直，不可挺胸或弓背，右手前推高與肩平，重心在右腿。

6. **雙峰貫耳**

圖5－14　圖5－13　圖5－12

圖5－15

圖5－16

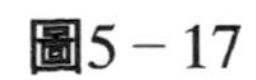

圖5－17

圖5－18

圖5－19

圖5－20

(1)右腿收回提起；左手由後向前下落，兩手由左右向下劃弧，手落於右膝兩旁，手心向上，見圖5－17和圖5－18。

(2)右腳向右前方落下變右弓步，同時兩手下垂變拳，分向左右，再向前劃弧成鉗形狀，拳眼向內（兩拳距離10～20公分），眼看右拳，見圖5－19和圖5－20。

要點：頭頸正直，鬆腰，避免拱背，胸部不可緊張；兩拳鬆握，沉肩垂肘，兩臂均保持弧形。

7. **玉女穿梭（即左右穿梭）**

(1)身體微左轉，左腳落地腳尖外撇，右腳跟離地成半坐盤式。同時兩手在左胸前成抱球狀，然後右腳附於左腳旁，腳尖點地，眼看左前臂，見圖5－21～圖5－23。

圖5－21

圖5－22

圖5－23

圖5－24

圖5－25

圖5－26

(2)右腳向右前方邁出成右弓步，同時右手由面前向上舉翻掌停在右額前，手心斜向上。左手經體前向前推出，手心向前，眼看左手。見圖5－24～圖5－26。

(3)體重略向右移，右腳尖微向外撇，隨即體重再移於右腿，左腿跟步，虛附於右腿內側，同時兩手在胸部右前成抱球狀（右上左

圖5－27

圖5－28

下），眼看右小臂，見圖5－27和圖5－28。

(4)同(2)一樣，唯左右式相反，見圖5－29和圖5－30。

要點：身體不可前俯，手上舉時防止引肩上聳，前推時隨腰腿前弓，上下要協調一致（左右式要領相同）。

8.海底針　右腿前跟半步，左腿稍向前移，腳尖點地變左虛步，同時右手經體前抽回上提至右耳旁再斜向前下插出，左手落於左胯旁，眼看前方，見圖5－32和圖5－33。

要點：身體不可太俯，避免低頭和臀部外凸，右手下插時不要引肩下傾，左腿要微曲。

9.如封似閉

(1)左手由右腕下伸出，兩手心向上，慢慢回收，同時身體後坐，左腳尖蹺起，重心移於

圖5－29

圖5－30

圖5－31

右腿，眼看前方，見圖5－34～圖5－36。

⑵兩手收回，由胸前翻掌，再向前推出，手心向前，同時變左弓步，眼看兩掌間，見圖5－37和圖5－38。

要點：身體後坐時避免後仰，臀部不可凸出，兩臂隨身體回收時，肩、肘部略向外鬆開，不要直著抽回。

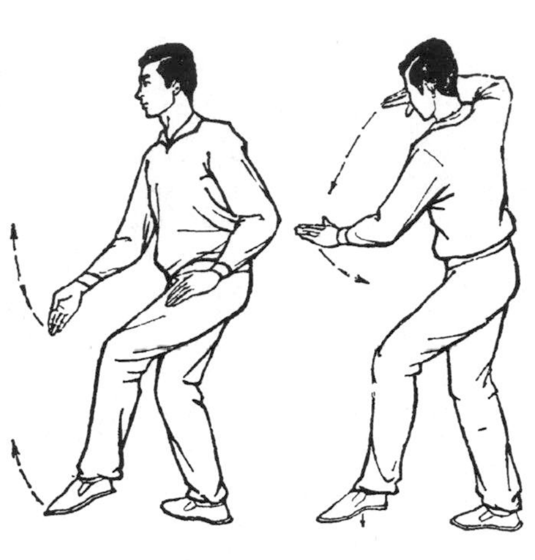

圖5－33　圖5－32

圖5－34

圖5－35

圖5－36

圖5－37

圖5－38

10. 收勢　兩手翻掌，手心向下，分落於兩胯外側，眼看前方，見圖5－39～圖5－41。

要點：兩手左右分開下垂，全身放鬆，眼向前平視。

圖5－39

圖5－40

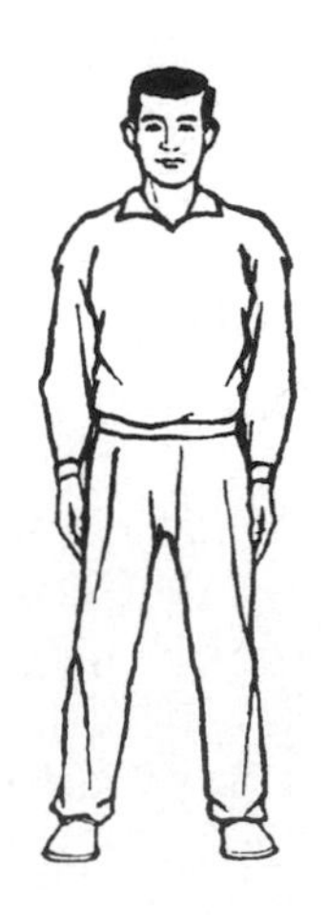

圖5－41

八、新氣功練功法

在中國古典氣功療法的基礎上，北京郭老師對導引行氣法進行了改革，創造了一套新的氣功練功法。新氣功練功法是包含著意念導引、勢子導引，調息導引及吐音導引的綜合導引法。

新氣功是一種動靜相兼的功法。就是動中有靜，靜中有動，吸取了古代動功與靜功的某些長處結合而成。練功中要求合於圓、軟、遠的原則。這種功法要求把意念導引、勢子導引、調息導引三者結合而又分度進行。意念導引是三者的中心，是整個功法的關鍵。意念導引使大腦皮層處於保護性抑制狀態，使中樞神經得到調整和平衡。新氣功療法是一種調動內因的整體療法，它能夠調整陰陽、疏通經絡脈道，促進氣血交換和新陳代謝，增強免疫功能。因而能夠達到防病、抗衰的治療效果。

防病抗衰的初級功，共有五種基本功。即步風呼吸、升降開合、漫步行動、穴位按摩、鬆小棍等。這五種基本功是根據整體治療原則而創設的。因此，爲了保健和防治各種慢性病開始練功時都練這五種基本功。但同時也要根據不同的病情，按照辨證施治的原則增加中度

行動、快步行動、吐音導引和各種按摩等功法，以提高療效，縮短療程。經過五千多名患者練功實踐，對各種心臟病療效顯著，對其他的慢性病和疑難病如高血壓、糖尿病、潰瘍病、胃下垂、肝病、腎病、青光眼、硬皮病、紅斑狼瘡、月經不調、神經官能症等也有效。對於腫瘤病人，在配合手術、放射和藥物治療時，對鞏固療效，增強免疫功能、改變機體抵抗力、恢復健康是有益的。

新氣功在防病抗衰方面，與其他氣功相比，有一定的優越性。因爲它是姿勢多樣，方法靈活，動與靜相結合的氣功，比較容易接受和推廣，適於集體練功。特此加以介紹。

㈠預備功

新氣功要求以鬆靜站功爲主。兩手微曲，雙目輕閉，舌抵上顎，百會朝天，垂肩墜肘，含胸拔背，收腹鬆腰，心神安靜，意守丹田，見圖6－1。

在呼吸時要求先用口呼，後用鼻吸。先呼後吸爲補，適於體弱或年老者練功；先吸後呼爲瀉，適於年輕人或實症患者。呼吸要做到輕輕地、緩緩地、長長地、深深地，同時要自然地鬆腰、鬆胯、鬆膝，使身體慢慢地平靜下

圖6－1

來。

呼吸調勻之後，再做丹田三開合，即雙手向兩側慢慢地分開，分開兩手手背相對，手指併攏，開的寬度略寬於自己的身體，見圖6－2和圖6－3；開後，反手使手心相對，雙手慢慢地向腹前中丹田處聚攏，聚到手相觸時，要反手，使手背相對，做第二個開合。見圖6－4和圖6－5。如此反覆做三次，這叫做中丹田三開合。在預備、收功以及變換功法時，都應有此動作。

㈡新氣功療法初級功

1.定步風呼吸法　定步行功屬於正功法。鼻吸口呼，略帶氣息聲者，呼吸短促，配合肢體活動。將兩手放於身體兩側，然後將身體重心移向右腳，把左腳放鬆，將左腳向前邁出一

圖6－2

圖6－3

圖6－4

圖6－5

步，腳跟著地，腳尖蹺起，腰胯放鬆，屈右腿，左腳落實平站，兩腿膝關節都要放鬆，同時鬆腰。頭、頸、身軀都稍向左側轉，身軀略前傾，自然收小腹，右手鬆軟地擺至中丹田前，但不要貼著身子，距離中丹田前方約10厘米左右。左手輕鬆地擺在左胯之外下方，雙手擺動時，肩、肘、腕都要自然放鬆，微曲，不要發僵發直。在肢體擺動的同時，配合著做兩吸一呼的呼吸動作。此動作要左右腳交替進行，姿勢見圖6－6。

2.**升降開合鬆靜功**　升式是在丹田三開合基礎上兩手在腹前時，見圖6－7，再將兩手沿前正中線即任脈，緩緩向上提升，手心向上，身子稍往前移，重心放在前腳上，見圖6－8。後腳跟提起，當雙手升提到膻中時，手

圖6－6

圖6－7

圖6－8

心相對上升到印堂穴（即上丹田）時，然後兩手心向外，準備開式，見圖6－9。即雙手在印堂穴向外推開，直到雙手開到略寬於雙肩爲止，見圖6－10。隨著手做開式，上身向後傾，身體後將雙手放在大腿兩側。接著雙手再向中丹田聚攏，上提，手心向內側，指尖向下，升至膻中時翻爲手心向下，兩手指尖相接，兩手平著下降，見圖6－13和圖6－14。隨著雙手下降，身體亦開始下蹲。蹲時盡量使上身與地平面垂直，直至大腿放平爲止，雙手放到膝蓋上，見圖6－15。在此做一個開合，準備還原，借此開合，趁勢上提、垂腕，手心向下，見圖6－16。上升要快，以腰帶動兩腿慢慢站起來，雙手隨之還原兩側。向東西南北四個方向各作一次，爲一節。

圖6－9

圖6－10

圖6－11

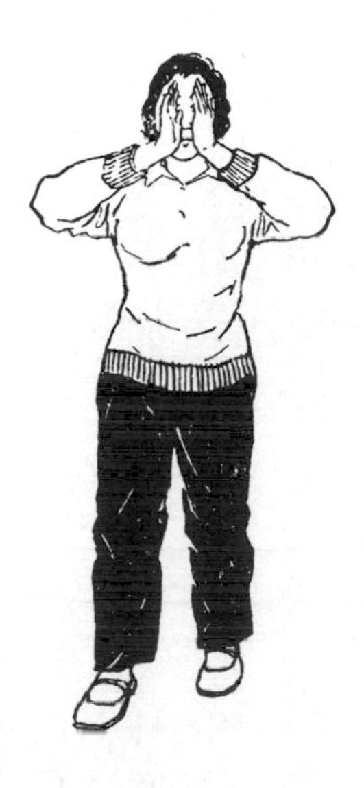
圖6－12

圖6－13

圖6－14

圖6－15　圖6－16

3. **慢步行功**　此爲初級功的主功。它體現新氣功動靜結合的突出部分。要求式子優美，意念入靜。此時的意念活動主要是定題、選題、守題，逐步深入，循序漸進。

慢步行功是在升降開合之後，左腳向前邁出一步，腳跟先著地，同時身體轉向左側，右手擺至中丹田前，左手也隨著擺向左側胯外。

兩手擺動時要按圓、軟，遠的要求進行。此後交替轉動，向左轉動作時，身體重心移至左腳上。再將右腳邁出一步，邁出時腳跟先著地，右腳變實，身體重心移到右腳上，雙手隨之擺動。然後再出左腳，再出右腳，見圖6－17和圖6－18。如此，一步一步地向前行走。一般做半小時收功。

此外，還有中度風呼吸法及快速行功。練功方法，大同小異。

圖6－17
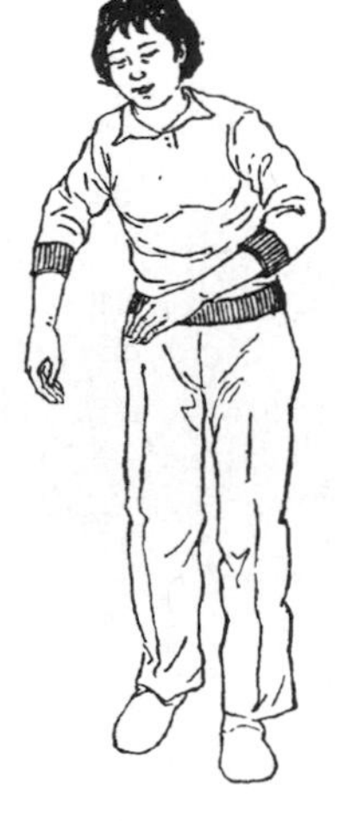
圖6－18

4.**收功法**　將練功時所產生的「內氣」聚集到任脈的氣海穴（即中丹田），經過任、督二脈歸還原處。其收功法的要領如下：

(1)轉意念：放選題之後，將意念轉換到中丹田。

(2)揉球：爲了把意念穩定在中丹田，用揉球功的功式作爲導引來協助完成。揉球的功式是兩手手心相對放在中丹田前約半尺的地方叫「揉球」的動作。配合揉球動作兩腿不斷虛實變換，將身體重心前後移動。揉球動作保持全身四肢鬆軟狀態，其意念活動穩在中丹田。

(3)放球：放球動作的目的是更好地把「內氣」穩定在中丹田。所以作雙手心朝上托球，兩手從中丹田的膻中輕輕上托，共上托三次，一次比一次高，最後達印堂穴，將球放走，而意念仍然留在中丹田。

(4)揉腹：將意念穩定在中丹田，使「內氣」還原。以中丹田爲中心，由小到大向外轉九圈，再由大到小向內轉九圈，歸到中丹田爲止。

(5)收功三個氣呼吸：使「內氣」穩在中丹田，使意念逐步恢復到平常生活的狀態之中。

(6)回氣：做法是雙手和肘象做升式那樣上升到丹田（即印堂）向左右分開，約與肩同寬，雙手心向內，然後鬆鬆地握起虛拳，大拇指貼在食指上，中指尖輕點勞功穴。使手之餘氣通過心包經歸回中丹田。一伸一點共做三次。然後，雙手掌心相對，合回上丹田前方，將十指自然展開，沿任脈下降到中丹田，兩手自然下垂，歸回體側，恢復鬆靜站立姿勢。片刻後，待意念完全離開中丹田後，睜眼在原地，結束練功。

5.**意念活動功法**　意念活動的功法，就是在練功中把意念活動（如意識、思想、思維、感情等精神活動）集中到某一點、某一詞或某一事物上，借以排除各種紛紜的雜念。即所謂「以一念代萬念」，爲練功的主要活動。

新氣功「圓、軟、遠」三字訣是意念活動的基礎。

圓：在練功時，軀幹和肢體活動都要在意念導引下保持圓形或者半圓形。

軟：頸部、軀幹和肢體的肌腱和大小關節都要在意念的導引下進行鬆軟地運動。

遠：輕輕閉眼、平視遠方喜歡喜歡的、似有似無、似明似暗的東西。意念活動在身體前方。

掌握以上字訣，爲掌握氣功的鬆靜關、意守關、調息關等基本功創造了條件。通過這種功法，使大腦皮層逐漸地進入、並長時間地保持在既不興奮，又不抑制的半入靜狀態。這樣才能使大腦皮層得到充分休息和調整，才能對身體各部器官各系統起到良好的保護作用，減少和打斷病理惰性灶的惡性循環。通過定題、選題、守題、放題等意念活動，開動「氣機」產生更多的「內氣」，從而起到防病抗衰的作用。

⑴定題：練功一般動作熟悉之後，要想一個簡單而穩定的詞，如「健康」，「好好練功戰勝疾病」，「練功抗腫瘤」等，將意念集中在這個題上，叫做「定題」。

⑵選題：在熟練掌握定題之後，在意念活動中再提高一步，需要選題。根據自己情況事先辯證選題。在高血壓、青光眼眼壓高時，選低於氣海的題，如地上的花草、小樹、湖邊小堤等；在低血壓、內臟下垂時，選高於印堂的題，如樹梢、湖邊小橋等；在一般情況下，可與膻中穴相平的景物。同時，選題還要參考病的性質，如肝臟喜條達舒暢，惡憂鬱發怒。在

肝病選題時盡量選擇溫柔、開闊的景物，如綠色的樹木，開放的花卉。腫瘤病人根據部位、症狀，參考上述景物進行選題，同樣能得到應有的效果。

此外選題內容要簡單而穩定，即在選題中使人們的意識、思想、感情趨向於穩定、集中，幫助入靜。因此應掌握以下三點：

①選近不選遠：選視野中輕鬆的焦距，不可選緊張的幻影，如遊月宮、家鄉湖南小樹等。

②選靜不選動：選平靜穩定的題，不可選波動搖擺的題，如波濤翻滾的江水、水中游魚、風擺楊柳、優美舞蹈等。

③選外不選內：選身體以外的景物，不可選身體內的東西（對功力成熟人例外）。

在練功過程中不可隨便換題，一個題可用3～6天，直到不能集中意念時，再換新題。

(3)守題：把意念活動集中到所選的題上，必須做到「一聚一散，似守非守，若有若無」這十二字訣。其方法是：

①一聚一散：即當出現雜念時，用意念想一想題的辦法排除雜念叫做「聚」。若雜念已去，鬆意念放一放題的辦法叫做「散」。在練中對「題」想一想，放一放，就叫做「一聚一散」。

②似守非守：聚時不能對題想得太緊，散時不能把思想放空。這樣又像在想著題，又像沒想著題，叫做「似守非守」。

③若有若無：對題一放鬆就沒了，稍想一下又有了，叫做「若有若無」。為了達到上述要求，對選題必須掌握「不抓、不追、不盯」的三不原則。

(4)放題：爲收功前必做的動作，作法由三個不蹲的「升降開合」開始，將所守的題放掉。不想題而想中丹田，氣功術語叫「轉意念」。如揉球時，手在揉球而意念放在中丹田，不可把意念粘在球上，隨球放走。揉腹時，雖然手在轉圈，而意念卻穩定在丹田。然後做丹田三呼吸，雙手上升而回氣，直至收功。整個過程都是爲了將意念穩於丹田。稍靜片刻，待意念緩緩離開丹田，方可睜開雙眼。

時間安排：預備功10分鐘，正功30～45分鐘，收功10～15分鐘，共約一小時左右爲好。

6. **氣功按摩法**　新氣功按摩療法，是在氣功的預備式基礎上加上按摩穴位的動作。按摩時配合意念導引、定題、選題、守題，按摩後做收功動作。這種結合具備氣功與按摩的雙重效果。常用穴位可分兩部分。

(1)頭部穴位氣功按摩法：常選用頭面部、耳部、眼部、鼻部、後頭部及手、腕部的穴位進行按摩。

按摩時常用穴位及其主治，可參見圖6－19～圖6－21及表6。

按摩手法：應做三按三呼吸；按摩次數爲向前正九轉，向後反九轉。按摩壓力應由輕到重，再由重到輕。

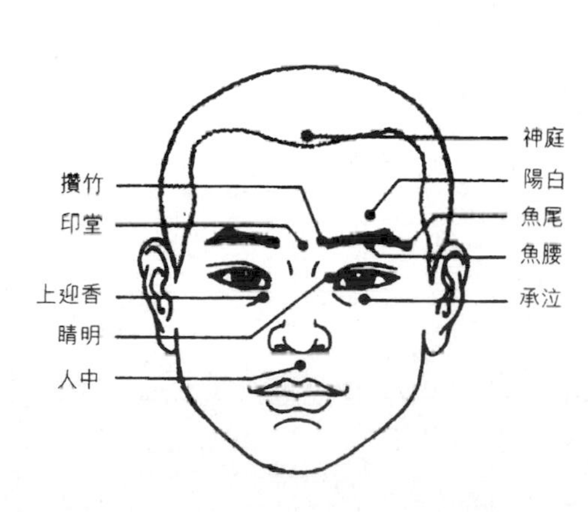

圖6－19

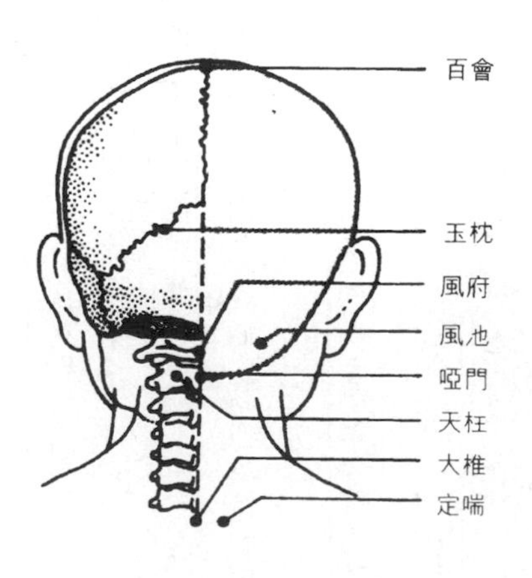

圖6－21

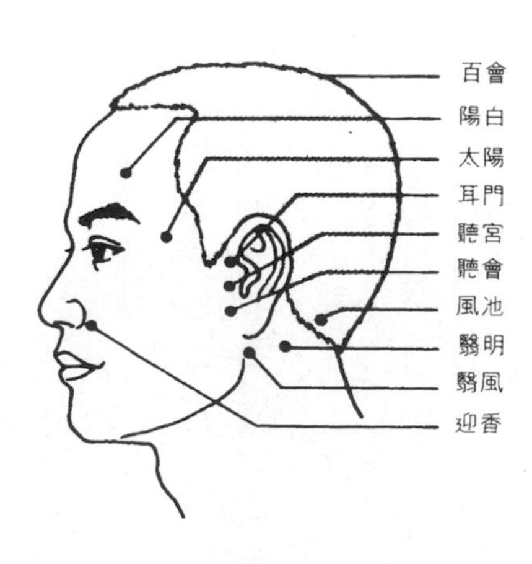

圖6－20

表6　常用按摩穴位及其主治

穴位名	所在部位	主治
印堂	兩眉之間凹陷處	頭痛、眩暈、鼻病
神庭	前額正中入髮際半寸處	頭痛、頭暈、癲癇及腦瘤頭脹噁心
人中	鼻柱下水溝上三分之一處	休克、牙關緊閉、中風不語及癌症虛脫
太陽	眉梢與外眼角之間向後外一寸凹陷處	偏頭痛、牙痛、眼病、顏面神經麻痹、高血壓及腦瘤頭痛
攢竹	眉毛內側端凹陷處	頭痛、眼病
耳門	耳屏上切跡前方張口凹陷處	耳鳴、耳聾、牙痛、中耳炎、顏面神經麻痹及腦瘤頭痛
聽宮	耳屏中部前方與下頜關節相平	同耳門
聽會	耳屏下切跡前方，下頜骨後緣	同耳門
睛明	閉目時在目內眦角上方一分處	眼痛、流淚、近視、夜盲、眼內腫瘤引起的頭痛
承泣	眶下緣上方正中凹陷處	近視、視神經萎縮、角膜炎、眼內腫瘤引起的頭痛
魚腰	眉弓中點直對瞳孔	屈光不正，遠視
魚尾	眉稍外凹陷處	眼內腫瘤偏頭痛
迎香	鼻翼外緣中部與鼻唇溝之間取穴	鼻炎、鼻竇炎、顏面神經麻痹、感冒
上迎香	眼內角直下5分	鼻病、眼病
陽白	眉弓與髮際之間下三分之一處，正對瞳孔取穴	顏面神經麻痹、眼病、前額痛及腦瘤頭脹
啞門	項後正中髮際上五分，第一、二頸椎棘突之間	聾啞、後頭痛、癔病、中風及腦瘤頭脹
百會	頭頂正中線與兩耳尖連線的交點處	頭痛、眩暈、脫肛、高血壓及直腸癌下墜

天柱	啞門穴旁開一寸凹陷處	後頭痛、項肌痛
風池	枕骨粗隆直下凹陷處與乳突之間	感冒、頭痛、項強痛、高血壓、眼病
翳風	耳垂後、下頜骨與乳突之間，張口凹陷處	耳聾、耳鳴、中耳炎、顏面神經麻痹、腮腺炎及腫瘤
翳明	翳風穴後一寸，乳突下緣取穴	視神經萎縮、近視、白內障、耳鳴及腫瘤病人失眠
大陵	腕內側、掌後第一橫紋上	關節痛及腫瘤病人失眠、心悸
勞宮	掌心，第二、三掌指關節後，第三掌骨橈側邊	手掌麻木，上肢無力，腫瘤病人休克
湧泉	足心稍前凹陷處	足痛、腳冷，腫瘤病人下肢麻痹

主要穴位按摩手法，見下列各圖。

①印堂穴按摩法：分起式、雙手至印堂前、雙手成箭形指點在印堂穴上三個步驟，見圖6－22～圖6－24。

②陽白穴按摩法見圖6－25。

③太陽穴按摩法見圖6－26。

④眉部穴按摩法見圖6－27。

⑤眼部穴按摩法見圖6－28。

圖6－24　雙手成箭指點在印堂穴上

圖6－23　雙手至印堂穴前

圖6－22　起式

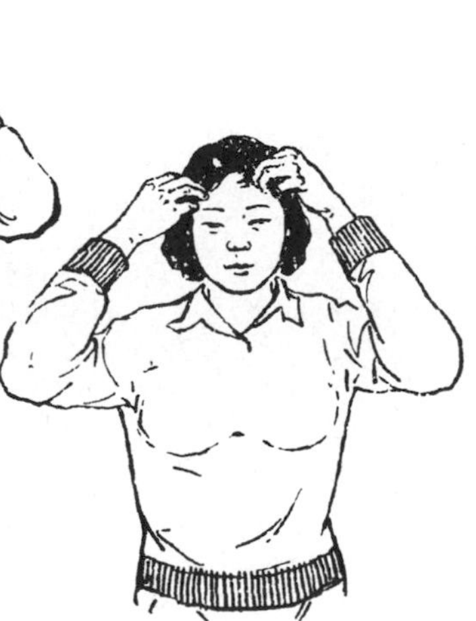

圖6－27

圖6－26

圖6－25

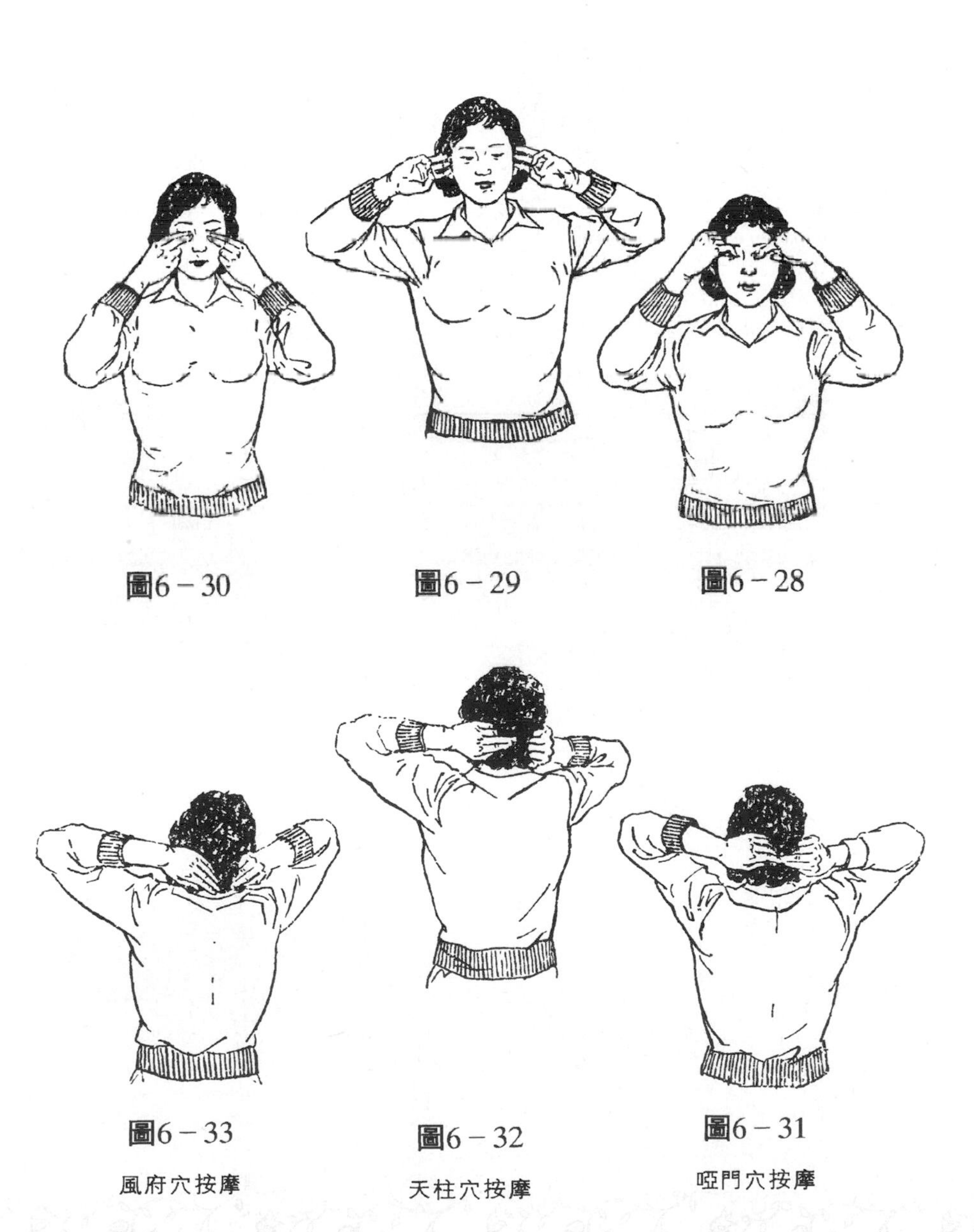

圖6－30　圖6－29　圖6－28

圖6－33 風府穴按摩

圖6－32 天柱穴按摩

圖6－31 啞門穴按摩

⑥耳部穴按摩法見圖6－29。

⑦鼻部穴按摩法見圖6－30。

⑧後頭部穴按摩法見圖6－31～圖6－33。

以上頭部穴位分別有健腦、明目、聽耳、醒鼻、安神化瘀的作用。可根據個人具體情況，按疾病需要選用穴位。

⑵湧泉穴氣功按摩法：湧泉穴為腎之井穴，腎為生命根本。按摩湧泉穴位可以補腎，通暢陰經，腎水充足；可以促進心腎相交，滋潤五臟六腑。因而起到防治疾病，保健延年作用。

湧泉穴位於足心稍前凹陷處見圖6－34，主治足痛、腳冷、腫瘤病人下肢麻痹等。

圖6－34
湧泉穴

按摩方法與頭部穴位按摩相同，只是採取坐勢練功法。取一個與自己小腿同高的小凳子，坐時兩腳分開，與肩同寬，大腿放平，與小腿垂直，上身正直，要含

胸、拔背、垂肩、墜肘、虛腋，頭如懸絲，鬆腰鬆胯，兩手平放在大腿上，指尖向前，兩眼平視，輕輕閉上，舌抵上顎，全身放鬆，排除雜念。然後雙手放在丹田。男的左手內勞宮穴輕放在丹田，右手內勞宮穴輕捂在左手外勞宮穴上。婦女左右放法與此相反。然後做三個氣呼吸，即先口呼後鼻吸，呼時手輕輕按穴，吸時手輕輕鬆開，一呼一吸爲一次，共做三次，然後做三個中丹田開合。

①左湧泉穴按摩法：先把左腿屈膝平放在床邊的凳子上，側身坐，右腿在床下，腳掌平放地面，屈膝成90度。左手外勞宮穴對準腎俞穴，右手平放在左腳掌上，用勞宮穴對準湧泉穴，以湧泉穴爲圓心做環形按摩，見圖6－35。先用手往左按摩一圈爲一次，共按摩72次。按摩畢，再將勞宮穴對準湧泉穴，做三個氣呼吸。然後右手再往右按摩72次，按摩畢再做三個氣呼吸，如此左、右、左三個方向按摩，共做三輪。完畢後，再做三個中丹田開合，三個中丹田氣呼吸而結束。

圖6－35　左湧泉穴按摩法

②右腳湧泉穴按摩法：與左腳功勢相同，方向相反，即把右腿放在床邊，左腿放在床下，右手外勞宮對準右腎俞穴，左手勞宮穴平放在右腳掌按摩湧泉穴。方法、步驟與左腳相同。按摩畢，把右腿放回地上原處，兩手做三個中丹田開合，意念轉丹田，再做收功中丹田三個氣呼吸，然後緩緩兩手放回大腿上，舌離開上顎還原，待意念離開丹田後，再慢慢睜開眼睛。休息10分鐘後再活動或睡覺爲好。

7.鬆揉小棍功法　此功能使大腦及全身放鬆，可以舒筋活血，疏通經絡，消除氣滯血瘀。可配合慢步行動，頭部按摩法等，提高防病抗衰老的效果。

小棍以花椒木製的最好，棍長25公分，直徑3公分，兩端爲半圓球形。

先做鬆靜站立預備功，左手握小棍中央。大拇指輕輕接觸中指尖上。然後，右手勞宮穴輕放在中丹田上，握棍的左手放在右手外勞功穴位上，見圖6－36。接著做三個氣呼吸和三個中丹田三開合。然後兩手持棍，用兩手勞宮穴夾托住小棍的兩端，見圖6－37。靠兩手活動腕部的方法，使小棍保持水平狀態向外轉動。轉小棍的高度，以小棍水平於中丹田爲適宜。小棍轉動速度稍快爲好。基本動作掌握之

圖6－36

後，可以進行如下揉法：

(1)中丹田前原位揉小棍：接上式，左腳向前邁出，成小弓步，腳尖點地，身向前傾，隨著前腳掌著地，後腳跟提起，前實後虛，揉棍片刻，見圖6－38。

然後身體還原位，同時略向後仰，後腳跟著地，前腳尖拔起，成爲前虛後實，揉棍片刻。一前一後爲一次，如此交替連續重覆四次，恢復預備姿勢。

兩腳站平後，以雙手揉棍改爲左手握棍，然後做一個中丹田開合，接著換右腳向前邁出一步，然後與前法相同再做四次，收左腳向前一步，恢復原狀，雙手放在中丹田前，做三個開合，中丹田三個氣呼吸。

(2)下蹲揉棍式：左腳前邁一步，身向前俯，體重放在前腿上，然後鬆腰，身體慢慢下蹲，前腳實，後腳虛，下蹲的程度以左大腿平爲度，小棍保持與中丹田相平位置，見圖6－39，在中丹田前揉棍片刻。然後身體慢慢升起，兩腳平放，身向後仰，恢復原位。如此重覆

圖6－37

圖6－38　中丹田前

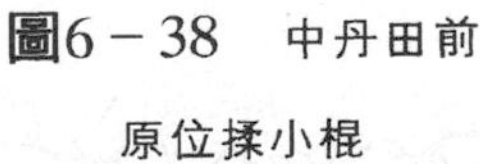
原位揉小棍

四次，右腳向前邁一步，雙腳站平，成預備功狀態，左手持棍，做一中丹田開合。然後再換右腳向前邁一步，再做四次，左手持棍，雙手放中丹田前做三個中丹田開合，三個中丹田氣呼吸。

(3)左、右兩側揉棍式：接上式，左腳前邁一步，重心在左腿，提右腳跟，把右腳跟放在左腳跟後邊，體重漸移至右腿，然後提左腳跟，身體向右轉90度，左腳也隨著轉，左腳尖斜向右方。揉棍片刻，見圖6－40，然後身體還原。身體轉向前方法，左腳跟落地，右腳跟隨著離地。如此重覆做四次，身體還原站平，左手持棍做一個中丹田開合。然後再換右腳邁出一步，與前法相同，方向相反。亦重覆做四次，身體還原，左手持棍，做三個中丹田開

圖6－39　下蹲揉棍式

圖6－40　右側揉棍式

圖6－41　弓步揉棍上升

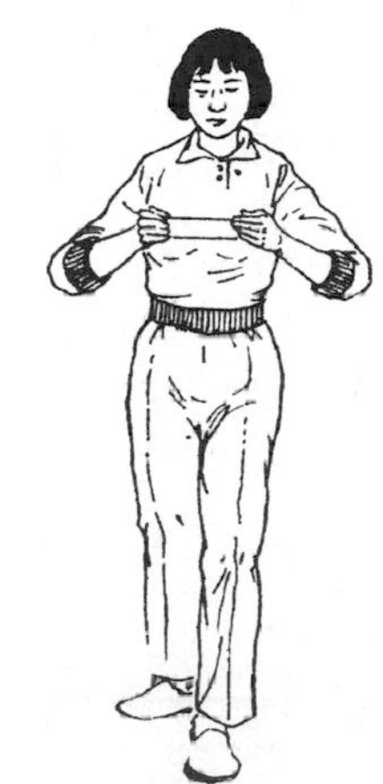

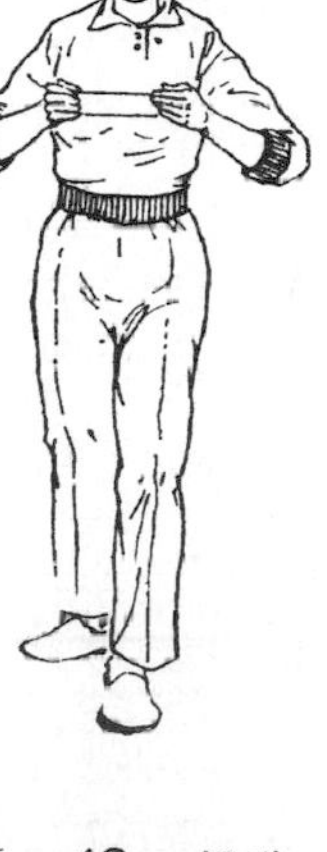

圖6－42　揉升至膻中時

圖6－43　揉升至百會前

圖6－44　揉至啞門穴

合，三個中丹田氣呼吸。

(4)頭部、百會、啞門揉棍式：接上式，出左腳向前邁一步，然後成弓步狀，雙手在中丹田揉棍，見圖6－41。邊揉邊徐徐上升，小棍邊升體重邊移向後腿，邊前腳尖點地，鬆前腿，見圖6－42。揉棍至百會時，前腳仍虛，但兩腳平放，體稍後仰，見圖6－43。接著雙手繼續揉棍至啞門穴，見圖6－44。在經啞門穴下降時，只是手往下降，身體不要後仰，兩

腳站平，前虛後實。然後雙手揉棍再由啞門穴處回到百會穴處。過百會後，前腳尖點地，徐徐地邊揉邊降，降至中丹田處。降時又逐漸變成弓步狀，兩腳平均用力。左腳在前做四次，做完四次，收回腳成平腳，左手持棍在前，做一個中丹田開合，換腳再用上式做四次。做完畢，接做二個中丹田開合，三個氣呼吸。

(5)收功：接上式，意念活動由選題轉向丹田，左手持棍，然後右腳向前一步成弓步。握棍的左手從丹田沿任脈徐徐上升，升至膻中時（見圖6－45），後腿變虛，後腳尖點地，至百會穴處（見圖6－46），後腳漸漸放平，從百會穴位處，繼續向上，向左，向前繞，劃成一個半圓圈。在持棍左手劃圈的同時，右手隨著做相同路線的劃圈動作，做法與持棍的左手

圖6－45　升至膻中穴

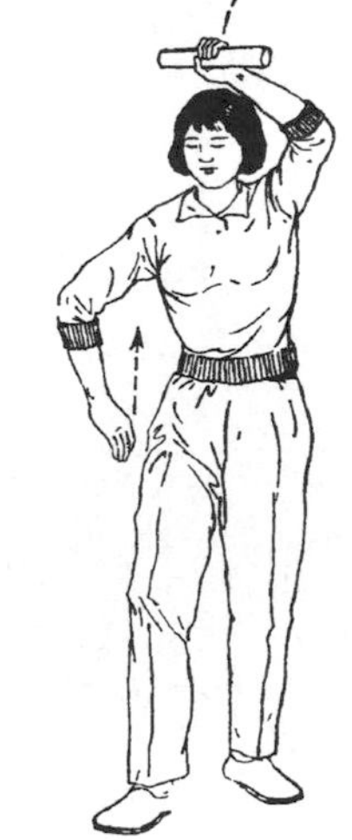

圖6－46　升至百會穴

6－47　向後側向下轉回身前

相同，見圖6－47。左手、右手各劃一圈爲一次，共做四次。然後上左腳，站平。左手持棍，做一個中丹田開合，換爲右手持棍，然後左腳向前出一步成弓步，與右腳在前的動作相同，方向相反，同樣做四次，然後上右腳，雙腳站平，做三個中丹田開合，然後回氣，右手持棍，用棍的左端輕輕點左手勞宮穴，點四次。點穴時，右手放在中丹田前，左手不動，點完後做一個中丹田開合。然後換左手持棍，用棍的右端輕輕點右手勞宮穴四次。點穴後，左手持棍做三個中丹田開合，然後右手勞宮穴放在中丹田。左手持棍放在右手外勞宮做三個氣呼吸，雙手放下，鬆靜站立。待意念活動離開中丹田後，再慢慢睜開眼睛。揉棍氣功完畢。

關於吐音導引法可以最後進行，也可以插在其中。吐音導引法是運用發聲器官，吐出一定字音，從而吐出體內濁氣，納入自然清氣，交換丹田蘊藏之氣，能消久病，啟沉疴，爲練功最高階段之一。

其方法是先做預備功：三個氣呼吸之後，再做三個中丹田開合，左手外勞宮對準左腎俞穴，右手外勞宮對準右腎俞穴，呼吸平靜，氣沉丹田。若屬初學，可先用雙手放在小腹，勞宮穴對準關元（如果病灶在下焦時，不可手放小腹）。做好準備之後，開始吐音。先吐「多」高音，後吐「朵」低音，音節先短後長，氣鼓小腹，音起丹田。根據病情，選擇字音，如心經疾病，吐「神」音；肝經疾病，吐「柔」音；脾胃疾病，吐「冬」音；肺經疾病，吐「桑」意；腎經疾病，吐「水」音，淋巴系統疾病，吐「哈」音；神經系統疾病，吐「靜」音，等等，吐時心平氣勻，聲音漫長，選擇空氣新鮮、優美的環境，方能獲得較好效果。

吐音之後，再做三個氣呼吸，靜立片刻，新氣功全部結束。

九、練功十八法

練功十八法是運用現代科學對中國傳統的醫療、體育有關部分進行整理，臨床應用，不斷改進，逐漸成熟起來的。此法不僅是醫治勞動人民的多發病，常見病——頸、肩、腰、腿痛的輔助療法，而且可以防治老年人的頸椎病、肩周炎、腰肌勞損、椎間盤病及腰腿痛等慢性疾病。

它憑藉著練功者柔緩、連貫而最大幅度的肢體運動，促進血運，加強新陳代謝，改善神經體液調節，鬆懈軟組織，滑潤關節，維持和恢復軟組織的形態及功能，增強肌肉的力量，提高機體的抵抗力及代償機能，從而達到防治疾病，增進健康的目的。腫瘤病人自家療養時選用此法，也有同樣效益。要使練功十八法收到應有的效果，應注意以下幾點：

(1)練功時要精神爽快，循序漸進，持之以恆。

(2)動作宜柔、緩而連貫，呼吸自然。

(3)動作幅度要做到最大限度，以使有關肌肉酸脹和舒適為度。

(4)動作的選用及重覆次數可根據每人的病情和體質而定。一般節數和次數由少到多，活動量由小到大，收功要輕鬆散步。

㈠防治老年性頸、肩病及乳腺癌術後功能障礙的練功法

1.頸功爭力

預備姿勢：分腿直立（稍寬於肩，以後從略），兩手叉腰（大拇指向後）見圖7－1。

動作：

(1)頭向左轉至最大限度，目視左肩，見圖7－2；

(2)還原成預備姿勢（下簡稱還原）；

(3)頭向右轉至大限度，目視右肩；

(4)還原；

圖7－1

圖7－2

(5)抬頭後仰望天；

(6)還原；

(7)低頭看地；

(8)還原。

八個動作爲一次，做4～8次爲一節。

注意事項：

(1)頭左、右轉及抬頭與低頭時，上身正直。

(2)低頭時下頷觸胸骨。

得氣感：頸部肌膚要有酸脹感。

適應範圍：老年性頸椎病，頸部急性扭傷，乳癌術後上肢功能障礙，慢性頸、肩部軟組織勞損。

2. 左右開弓

預備姿勢：分腿直立，兩手虎口相對成圓形，離面部一尺左右，眼視虎口，見圖7－3。

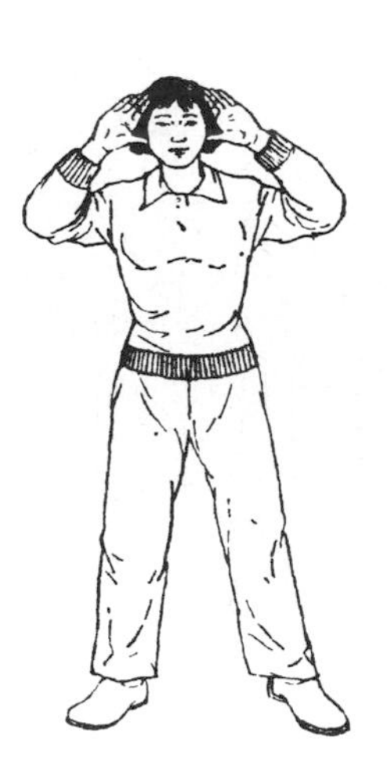

圖7－3

動作：

⑴兩手左右分開至體側的同時，掌變空拳，頭向左轉，視線穿過空拳望遠處，見圖7－4；

⑵還原；

⑶⑷動作同⑴⑵，但方向相反。

四個動作爲一次，做6～12次爲一節。

注意事預：分手時不能聳肩，兩肩胛骨向脊柱靠攏，兩肘需保持在同一水平。

得氣感：當挺胸眼視空拳時，頸項、肩、背部肌肉有酸脹感，並可放射到兩臂肌群，同時胸部有舒暢感。

適應範圍：乳癌術後及老年性頸項、肩、背部酸痛，強直，上肢腫脹，手臂麻木及胸悶等。

3. 雙手攀雲

預備姿勢：分腿直立，手握空拳，兩臂在肩側屈曲，拳稍高於肩，拳心向前，見圖7－

圖7－4

圖7－5

5。

動作：

(1)兩拳鬆開，同時兩臂上舉（掌心向前）抬頭，目視患側手指，見圖7－6；

(2)還原；

(3)(4)同(1)(2)，但目視方向相反。

四個動作爲一次，做6～12次爲一節。

注意事項：兩臂上舉時，挺胸收腹，不能憋氣。

得氣感：當抬頭眼望手指時，頸部有酸脹感；收腹挺胸時，腰部亦有酸脹感。

適應範圍：老年性頸、肩、背及腰部酸痛，肩關節及上肢功能障礙，如上臂提舉不便等。

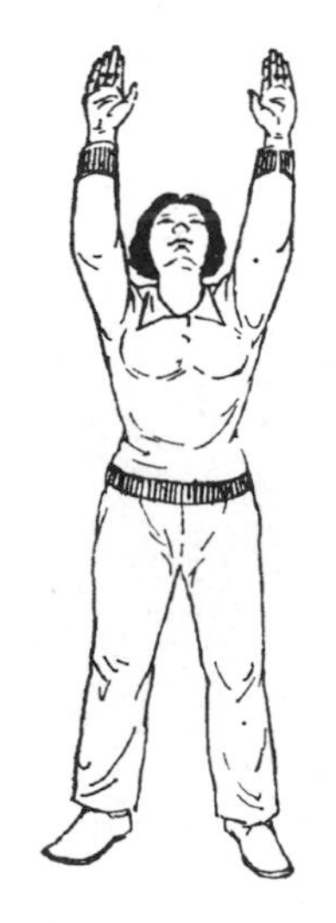

圖7－6

4.開闊胸懷

預備姿勢：分腿直立，兩手交叉於腹前，（患側手在前，掌心向內，）見圖7－7。

圖7－7

動作：

⑴兩臂交叉上舉，眼視手背，見圖7－8。

⑵兩臂經體側後劃弧下落還原成預備姿勢，兩手分開時，手心向上，手至體側時，手心向後，眼始終看患側手。

兩個動作爲一次，做6～12次爲一節。

注意事項：

⑴兩臂交叉上舉時，要挺胸收腹；

⑵兩臂交叉時，患側在前，上舉時，用健側手用力將患側托上去。

得氣感：兩臂上舉時，頸、肩和腰有酸脹感。

適應範圍：老年性關節炎及腫瘤術後功能障礙，肩、背和腰酸痛。

5. 展翅飛翔

預備姿勢：分腿直立，手自然下垂，見圖7－9。

動作：

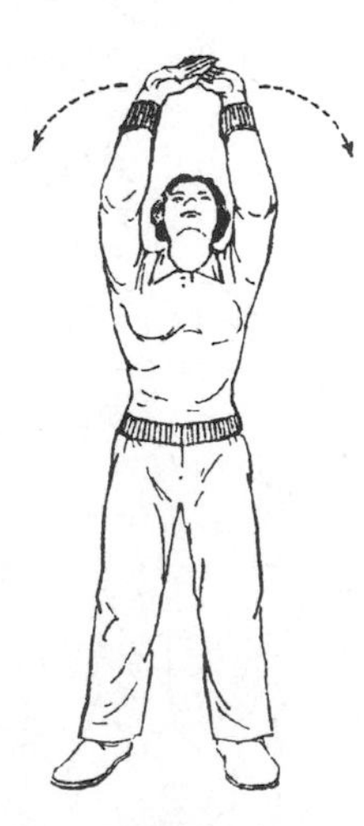

圖7－8

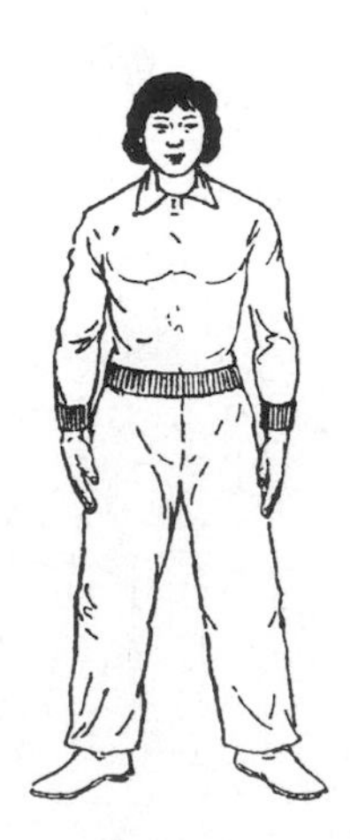

圖7－9

(1)兩臂屈肘，經側後雙側上舉（手腕下垂，手背相對，肘高於肩），同時挺胸，眼看患側肘部，見圖7－10；

(2)兩臂下落時，兩手成立掌（掌心相對）徐徐下按，還原成預備姿勢。見圖7－11。

兩個動作爲一次，做12～24次爲一節。

注意事項：做動作時不要聳肩，手腕放鬆。

得氣感：頸、肩部和兩肋有酸脹感。

適應範圍：老年性肩關節強直及腫瘤病人術後上肢活動功能障礙等。

6.**鐵臂單提**

預備姿勢：分腿直立，手自然下垂，見圖7－9。

動作：

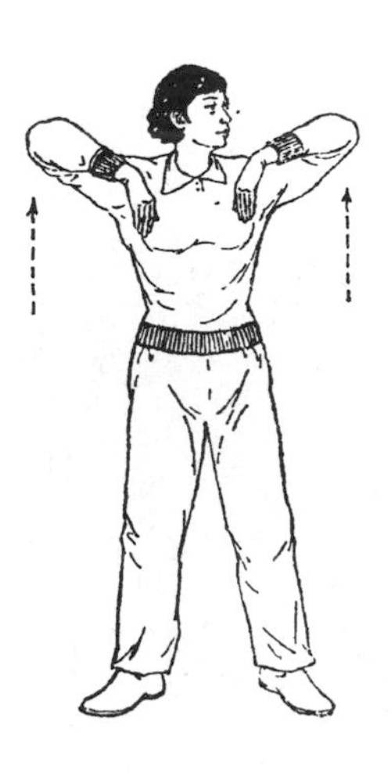

圖7－10

圖7－11

圖7－12

⑴左臂經體側上舉成托掌，眼視手背，同時右臂屈肘，手背緊貼腰後部，見圖7－12。

⑵還原；

⑶右臂經體側上成托掌，眼視手背，同時左臂屈肘，手背緊貼腰後部；

⑷還原。

四個動作爲一次，做6～12次爲一節。

注意事項：上舉時手臂伸直，眼隨手動。

得氣感：當手臂上舉托掌時，同側頸、肩部有酸脹感，自覺胸部舒暢。

適應範圍：老年性及腫瘤術後肩關節強直，活動不便，頸、肩、腰痛，胃脘脹滿。

㈡防治腰痛的練功法

1.雙手托天

預備姿勢：分腿直立，屈肘手指交叉於上腹，掌心向上，見圖7－13。

動作：

圖7－13

圖7－14

(1)兩臂上提至胸部，反掌上托，掌心向上，眼視手背，見圖7－14。

(2)兩臂經體側後下落，還原成預備姿勢。

兩個動作爲一次，做6～12次爲一節。

注意事項：反掌上托時，肘要伸直，上體正直。

得氣感：當眼視手背時，頸和腰部產生酸脹感，有的可放射至肩、臂、手指。

適應範圍：腫瘤術後及老年性頸、腰強直，肩、肘關節活動不便，以及糾正脊柱側彎。

2.轉腰推掌

預備姿勢：分腿直立，兩手握拳置於腰部，見圖7－15。

動作：

(1)上體向左轉，同時右手立掌（掌心向前）向前推出，眼視左後方，左肘向左後方頂，見圖7－16；

圖7－15

圖7－16

⑵還原；

⑶⑷動作同⑴⑵，但方向相反。

四個動作爲一次，做6～12次爲一節。

注意事項：轉腰時，兩腳不動，兩腿伸直。

得氣感：當轉體推掌時，腰、肩、頸、背部有酸脹感。

適應範圍：適用於腫瘤術後及老年性頸、肩、背和腰軟組織勞損。如頸、肩、背酸痛，伴有手臂麻木、肌肉萎縮等。

3.叉腰旋轉

預備姿勢：分腿直立，雙手叉腰（大拇指朝前），見圖7－17。

動作：

⑴～⑷兩手用力推動骨盆，做順時針方向環繞一周；

⑸～⑻同⑴～⑷，但做逆時針方向環繞一周，見圖7－18。

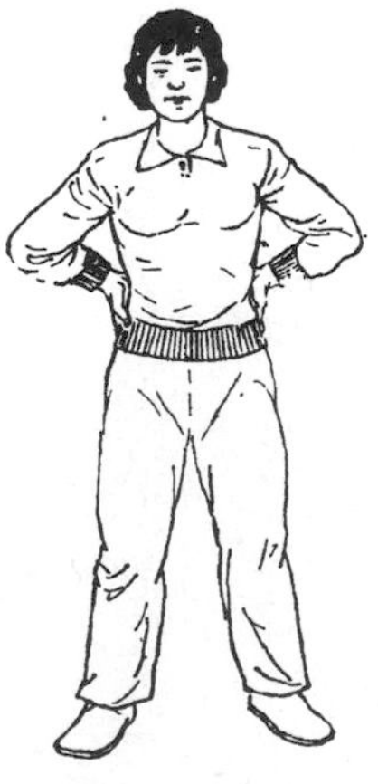

圖7－17

圖7－18

八個動作爲一次，做6－12次爲一節。

注意事項：

⑴環繞時由小到大，逐步達到最大限度；

⑵兩腿伸直，兩腿不動，上體活動不宜大；

⑶骨盆向前，上體後仰時，可用兩手向前助力，以減少骶棘肌緊張。

得氣感：腰部有明顯酸脹感。

適應範圍：老年性腰部扭傷、慢性腰痛及某些工作關係身體長期佝僂式、固定某種姿勢而造成的腰骶部酸痛等。

4.展臂彎腰

預備姿勢：分腿直立，兩手交叉（手掌向內）置於腹前，見圖7－7。

動作：兩臂前上舉，挺胸收腹。眼視手背，見圖7－8；

⑵兩臂經體側下落到側舉時，上體盡量前屈，兩手交叉，見圖7－19；

⑶上體伸直，兩臂上舉；

圖7－19

(4)兩臂經體側下落還原成預備姿勢。

四個動作爲一次，做6～12次爲一節。

注意事項：兩腿伸直，手指盡量觸地。

得氣感：兩臂上舉眼視手背時，腰部有酸脹感。雙手觸地時，兩腿後肌群有酸脹感。

適應範圍：老年性頸、背、腰酸痛。

5.弓步伸掌

預備姿勢：大分腿直立，雙手握拳置於腰部，見圖7－20。

動作：

(1)上體向右轉變右弓法，左手成立掌向右前上方插掌（手指向前），見圖7－21；

(2)還原；

(3)(4)同(1)(2)，但方向相反。

四個動作爲一次，做6～12次爲一節。

注意事項：弓步時，膝蓋向前挺出，腳跟

圖7－20

圖7－21

不能離地。插掌時，手臂要伸直，上體保持正直。

得氣感：肩、臂、腰、腿有酸脹感。

適應範圍：腫瘤病人術後及老年性頸、腰、背及四肢肌肉麻木、酸痛。

6. **雙手攀足**

預備姿勢：立正。

動作：

(1)手指交叉（掌心向上）置於上腹前，見圖7－13；

(2)兩手經胸前翻掌，成托掌上舉，眼視手背見圖7－14；

(3)上體前屈，手掌觸足背，見圖7－22；

(4)還原成預備姿勢。

四個動作爲一次，做6～12次爲一節。

注意事項：體前屈時，臀部後移，兩膝伸直，手掌盡量觸足背。

得氣感：兩臂上舉時，頸部有酸脹感。體前屈時，腰及兩腿後側肌群有酸脹感。

圖7－22

適應範圍：腫瘤病人術後及老年性腰、腿軟組織勞損，轉腰不便，脊柱側突，腿部酸痛、麻木及屈伸不便等。

㈢防治臀、腿痛的練功法

1. 左右轉膝

預備姿勢：立正，上體前屈，兩手扶膝蓋，目視前下方，見圖7－23。

動作：

⑴～⑷兩腿彎曲，作逆時針方向環繞一次（腿向後時伸直），見圖7－24；

⑸～⑻同⑴～⑷，但方向相反，作順時針方向環繞一次。

八個動作爲一次，做8～12次爲一節。

注意事項：兩膝環繞時，幅度要盡量大。

得氣感：左右轉膝時，膝踝關節有酸脹感。

適應範圍：腫瘤病人及老年性膝、踝關節

圖7－23

圖7－24

酸痛、無力等。

2.撲步轉體

預備姿勢：大腿分開直立，雙手叉腰（大拇指在後），見圖7－25。

動作：

(1)左撲步，同時上身右轉45度，見圖7－26；

(2)還原成預備姿勢；

(3)(4)同(1)(2)，但方向相反。

四個動作爲一次，做6～12次爲一節。

注意事項：撲步時，膝固定，上體正直。

得氣感：撲步時，伸直之腿的內側肌群有酸脹感。

適應範圍：腫瘤病人及老年性腰、臀、腿痛，髖、膝、踝關節活動不便。

3.俯蹲伸腿

預備姿勢：立正。

圖7－25

圖7－26

動作：

(1)上身前屈，兩手扶膝，見圖7－23；

(2)屈膝前蹲，兩肘外展，指尖相對，見圖7－27；

(3)兩腿伸直，臀部向上，上體不動，兩手掌貼足背，見圖7－28；

(4)還原。

四個動作爲一次，做6～12次爲一節。

注意事項：上身前屈時，膝關節伸直。手掌盡量貼近足背。

得氣感：全蹲時，大腿的前肌群及膝關節有酸脹感；伸直時，大、小腿的後肌群有酸脹感；手掌貼足背時，腿後肌群酸脹感加重。

適應範圍：腫瘤病人及老年性髖、膝關節活動不便，及廢用性下肢肌肉萎縮。

4.扶膝托掌

預備姿勢：分腿直立，手自然下垂。

圖7－27

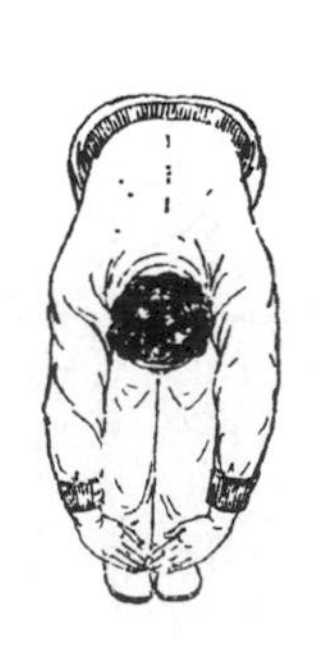

圖7－28

動作：

(1)上身前屈，右手扶左膝，見圖7－29；

(2)左臂經體側上舉，手成托掌（虎口朝前）眼隨手動，同時兩膝彎曲，重心在兩腿之間，見圖7－30；

(3)左臂放下，左手扶右膝，上身前屈；見圖7－31；

(4)還原成預備姿勢。

(5)～(8)同(1)～(4)動作，方向相反。

八個動作爲一次，做4～8次爲一節。

注意事項：兩腳不能移動，上身保持正直。

得氣感：當抬頭目視手背時，頸、肩、腰、腿部均有酸脹感。

適應範圍：腫瘤病人及老年性頸、肩、

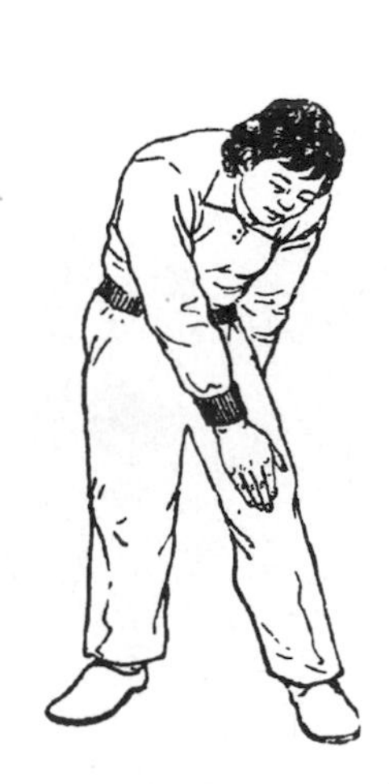

圖7－29

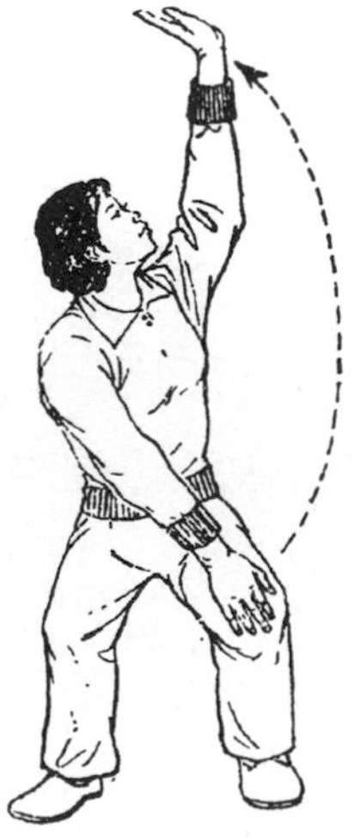

圖7－30

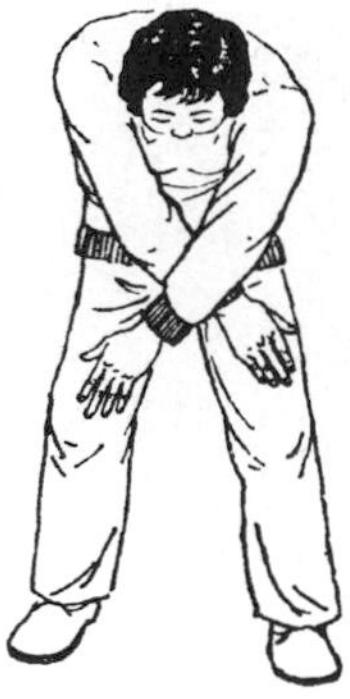

圖7－31

腰、腿部酸脹痛及活動功能障礙。

5. 胸前抱膝

預備姿勢：立正。

動作：

(1)左腳前跨一步，右腳跟提起，兩臂經前上舉，手心相對，抬頭挺胸，見圖7－32；

(2)兩臂經體側下落時，雙手緊抱右膝於胸前，左腿伸直，見圖7－33；

(3)還原成(1)勢；

(4)還原成預備姿勢。

(5)～(8)同(1)～(4)，但方向相反。

八個動作爲一次，做4～6次爲一節。

注意事項：

(1)兩臂上舉時，重心站穩。

(2)抱膝時大腿緊貼胸部。

得氣感：當抱膝時，支撐腿之後肌群及被

圖7－32

圖7－33

抱腿之前肌群均有酸脹感。

適應範圍：腫瘤病人及老年性臂、腿酸痛及屈伸功能障礙。

6. 雄關漫步

預備姿勢：直立、雙手叉腰（大拇指朝後），見圖7－34；

動作：

(1)左腳前進一步，腳跟先著地、然後全腳掌著地，右腳跟提起，重心前移到左腿，見圖7－35；

(2)右腳跟落地，稍屈右膝，重心後移至右腿，左腳跟著地，見圖7－36；

(3)右腳前跨一步，重心移向右腿，左腳跟提起；

(4)左腳跟落地，重心移向左腿，屈左膝，

圖7－34

圖7－35

圖7－36

右腳跟著地；

(5)重心前移右腿，左腳跟提起；

(6)重心後移左腿，左腿屈膝，右腳尖提起；

(7)右腳後退一步，做動作(2)；

(8)還原成預備姿勢。

八個動作爲一次，做6～8次爲一節。

注意事項：上身保持正直，向前邁步時要挺胸抬頭。

得氣感：重心在左腿時，左腿及右踝酸脹，重心在右腿時，右腿及左踝有酸脹感。

適應範圍：腫瘤病人及老年性下肢酸痛、麻木、膝、踝關節活動不便。

以上爲防治腫瘤病人及老年性頸、肩、腰痛及臀、腿痛等病的練功十八法。在實際選用時，要求針對適應症，選擇練功法。動作準確，思想輕鬆，功法純熟，必然得氣，不宜隨便更動方法。堅持鍛練，定有收益。

十、按摩療法練功法

按摩療法是將按摩的方法作用於人體，具有疏通經絡、舒筋活血的作用，可使身體有關系統、器官的功能得到新的調整和改善，從而提高整個機體的各種功能。腫瘤病人自家療養時應用按摩療法，可以改善症狀，增強免疫功能，延長生命。如按摩能起到影響胃腸蠕動、調整血壓、糾正心率、緩解痙攣、鎮靜止痛、復原關節脫位等作用，並能剝離組織粘連以及增加周圍血液中的白細胞數等。

㈠按摩的手法

按摩手法靈活多樣，因人而異。治療手法，辨症施治；保健手法，多柔少剛。調整神經，多用壓法；調理脾胃，多用推拿；疏通經絡，多用按摩；強筋壯骨，多用拔法。具體操作手法與作用介紹如下：

1.**按法**　用手掌、手根、手指放於所按部位上，一起一伏由輕到重用力按動。其力達於深層，有消腫化瘀、散結緩痛作用。

2.**摩法**　用手掌、手根、手指在皮膚上做活動摩擦。有通經活絡、消腫止痛的作用。

3.**推法**　用手掌、手根、手指等在皮膚上沿一定方向用穩力推動。有化瘀散結、理氣去滯的作用。

4.**拿法**　用拇指與其餘四指拿起肌肉。其力到達深層，有疏筋活血、調理脾胃的作用。

5.**揉法**　用拇指、多指、手掌或手根在一定部位上旋轉揉動。有通經化瘀、活血緩痛的作用。

6.**搓法**　用手掌在皮膚上來回快速地搓動。有活血理氣、生熱祛寒的作用。

7.**壓法**　用拇指、多指、手掌、手根或肘尖在一定部位上由淺入深地壓住不動。有平肝安神、鎮靜止痛的作用。

8.**顫法**　用手指、手掌壓住一定部位有節律地顫動。有通絡活血、醒脾健腦的作用。

9.**捏法**　用拇指與食指或拇指與其餘四指將皮膚捏起。有散結通絡、散瘀止痛的作用。

10.**提法**　拿起皮膚、肌肉之後，向上提起，到達適當高度，然後放鬆，反覆多次。有疏通氣血、散瘀止痛的作用。

11.**拍法**　用手掌從輕到重地拍打施術部位。有活血散瘀、消腫止痛的作用。

12.**動法**　用手握住關節兩端，進行旋轉活動。有滑潤、鬆活關節的作用。

13.**牽法**　握住關節一端，用穩力牽拉。有緩解痙攣、鬆活關節的作用。

14. **拔法**　握住關節兩端，向兩面同時用力牽拉。有抗攣縮的作用。

15. **理筋法**　用指拇或多指理順筋肉。有舒筋活血、消腫緩痛的作用。

16. **分筋法**　用拇指尖或其他指尖按壓病點，以推刮反覆動作進行分筋。有化瘀止痛、消散筋結的作用。

17. **撥筋法**　用拇指或其餘四指在筋腱上來回撥動。有強筋壯骨、活血化瘀的作月。

18. **彈筋法**　用拇指與食指或拇指與多指，將筋拿起彈動。有強筋壯骨、通暢氣血的作用。

19. **舒筋法**　用拇指、多指或手掌在筋上推摩滑動。有舒通經絡、舒筋壯骨的作用。

20. **展筋法**　展伸筋肉的動作。有鬆解關節周圍組織粘連的作用。

(二)腳踩法：

中國醫學叫做「踩法」，是一種使用腳踩適當部位治療、保健的方法。簡單介紹如下：

1. **踩床的要求**　將木板床平鋪於地，木架立於床的兩側成雙杠式，備用。

2. **體位的選擇**　常用有三種：

(1)俯臥式：患者俯臥，肌肉放鬆，醫生用不同腳法在腰、背、肩、頸、下肢施術。

(2)仰臥位：患者仰臥，肌肉放鬆，兩手平放於身體兩側，掌面向上，醫生用不同的腳法

在四肢部施術。

(3)側臥位：患者側臥，肌肉放鬆，下面的腿伸直，上面的腿屈曲，膝關節下面放一枕頭，以不懸空爲宜，上肢搭於前胸，醫生用不同的腳法在臀部、下肢各部位進行施術。

3.**腳法**　有腳推法、腳搓法、腳揉法、腳壓法、腳顫法、腳撥筋法。

㈢器械法

以器械手法，其力深透，適用於肢體各部。器械法多用於治療腰、腳痛，感覺遲鈍等病症。其按摩器械有丁字形、拐杖形、杠杆形、滾輪形、蚌殼形、手拍形、鹿角形等。丁字形多用於軀幹、四肢部；拐杖形多用於背腰部、臀部；杠杆形多用於腰部、四肢部；滾輪形多用於背部、下肢部；蚌殼形、手拍形、鹿角形多用於肢體各部。

㈣常用的反應點

根據中國醫學臟腑學說，臟腑與體表密切相關。當內臟發生疾病或功能減退時，必然通過經絡反應到相應的體表，產生各種異常反應點。如皮膚表現有皮膚濕度變化，皮表或粘膜粗糙，皮下結節，皮下積液；肌肉表現有肌肉緊張或鬆馳，肌腹隆起或凹陷，酸脹疼痛等。

常用的反應點：

(1)呼吸系統反應點：多在身柱、肺俞、中府、曲池等穴位。

(2)循環系統反應點：多在心俞、郄門、巨厥等穴位。

(3)消化系統胃腸反應點：多在胃俞、大腸俞、中脘、天樞、足三里、內庭等穴。

(4)肝臟反應點：多在肝俞、膽俞、日月、期門、陽陵泉、丘墟、太冲、膽囊等穴。

(5)泌尿系統反應點：多在腎俞、中極、筑賓等穴。

(6)神經系統反應點：多在身柱、肝俞、百會、神門等穴。

(五)按摩部位及注意事項

按摩部位的選擇與針灸療法選穴、配合理論有相似之處。但是針灸穴位選一點，而按摩療法是點、面、線三結合的一種治療方法。包括局部按摩、循經按摩、反應點按摩、臟腑俞穴按摩、臟腑相合按摩等。現介紹如下：

1.頭、面、耳部按摩術

(1)頭頂部按摩術可治療頭頂部疾病並提高大腦皮層功能，如百會穴治療頭頂痛、失眠、脫肛及改善腫瘤病人神經反應遲鈍現象。

(2)前頭頂部按摩術治療頭頂疾病並改善人體運動功能，如上星穴治療前頭痛及四肢乏力。

(3)顳部按摩術治療側面頭部疾病並提高聽力，如率谷穴治療偏頭痛和耳聾。

能減退。

(4)前額部按摩術治療前額疾病並提高嗅覺，如額中、印堂穴治療前額痛及鼻閉和嗅覺功能減退。

(5)顳、頷部按摩術治療面及口腔疾病，如下關穴治療面肌痙攣和齒痛。

(6)眼部按摩術治療眼疾病和心動過速，如睛明穴治療近視、淚囊炎。

(7)耳部按摩術加強和改善機體器官各種功能，如耳垂治療咽喉痛，耳輪部治療疲乏等症。

2.頸肩部按摩術

(1)頸項部按摩術治療頸部、咽喉、腦及胸腔疾病，如風府穴治療頸痛、咽喉痛、後頭痛；風池穴治療眼病及腦病。

(2)肩部按摩術治療肩、背部疾病，如肩井穴治療肩腫痛、肩周炎、頸椎病。

3.背、腰骶、臀部按摩術

(1)背部按摩術治療背、胸、腹腔及四肢疾病，如身柱穴治療背痛、哮喘、失眠；至陽穴治療胃痛、背痛、頭暈等病；各俞穴治療相應臟腑病（心俞治心病、肺俞治肺病、腎俞治腎病）。

(2)腰、骶部按摩術治療腰骶、臀部、腹腔、下肢疾病，如腎俞治療腰酸、失眠、遺尿；

環跳穴治療髖痛、坐骨神經痛以及腫瘤病人腰腿痛。

4.胸腹部按摩術

(1)胸部按摩術治療胸壁、胸腔、咽喉及上肢疾病，如中府穴治療胸痛、哮喘及慢性氣管炎。

(2)腹部按摩術治療腹壁、腹腔及下肢疾病，如中脘穴治療胃病、子宮後傾；中極穴治療尿瀦留、尿頻、夜尿症等。

5.臂、手部及腿、足部按摩術

(1)臂部內側按摩術治療臂部及胸腹腔疾病，如內關穴治療正中神經痛、心悸、胃病等。

(2)臂部外側按摩術治療臂外側及肩胛部疾病，如三陽絡穴治療臂痛、肩胛痛。

(3)手掌面按摩術治療手掌面、臂內側及胸腹腔疾病，如勞宮穴治療正中神經痛、心悸、痛經等病。

(4)手背部按摩術治療手背部、肩部疾病，如合谷穴治療三叉神經痛、面神經痛和口腔疾病。

(5)腿部內側按摩術治療腿內側、胸腹腔疾病，如三陰交治療小腹痛、失眠以及性功能低下。

(6)腿部後側及外側按摩術治療腿後、腿外側及腰背部疾病，如殷門穴治療坐骨神經痛、腰背痛；足三里治療腓神經痛、胃痛以及調理全身臟腑功能。

(7)足底部按摩術治療足底面、腿內後側以及胸腹腔疾病。如湧泉穴治療坐骨神經痛、小腹痛。

(8)足背部按摩術治療足背、腿外側以及腹背部疾病。如太冲穴、丘墟穴治療足背痛、腓神經痛、腰背痛等症。

6. 按摩注意事項

(1)採取適當體位（舒適便於操作體位），寬衣，鬆帶，肌肉放鬆，呼吸自然。

(2)施術手法，力量要先柔後剛，先輕後重，由淺入深，柔和深透，速度均勻，不宜粗暴，尤其腳踩、器械揉壓更要謹慎。

(3)腫瘤局部不宜按摩。局部感染、化膿、破潰等爲按摩禁忌症。

(4)按摩過程中出現反應時應暫停按摩，休息片刻。必要時給予溫茶飲之，以復常態。

第三節　腫瘤病人如何選擇練功項目

上面介紹的10種保健方法，都是行之有效的保健項目。

腫瘤病人如何選擇一個適合於自己身體條件的練功項目，是首先應該考慮的重要問題。項目選擇合適，練功得法，必然收到事半功倍的效果。那麼，如何選擇練功項目呢？

一、根據自己原有基礎和愛好選擇練功項目

腫瘤病人如平時體質較好，作了根治術後又不甚衰弱，對哪一種保健方法有興趣，就可以選擇哪一種。如對站樁有基礎或對五禽戲有了解，當然可以作爲首選項目。如果，對以上兩種不熟悉，自己喜歡十二段錦、太極拳之類保健法（這兩類方法既容易掌握，又有相當運動量），也可以選擇其中一種。

二、根據自己體質和病情選擇練功項目

素日體質強健，腫瘤早期作了根治術，對身體損傷不大者，可選擇運動量大的項目，如練功十八法、廿四節氣坐功法之類項目；如果體質較差，腫瘤治療不徹底，病後恢復較慢，應選擇新氣功、太極拳之類保健法。選其一種，由易到難，循序漸進，也會收到良好效果。

三、根據自己的環境選擇練功項目

如果腫瘤病人在住院期間，缺乏練功場地，可以選擇一般氣功療法。如臥功、坐功、站功或按摩法。一旦病情好轉，出院休養則可根據自己基礎、體質、愛好、環境選擇練功項目。地勢平坦，空氣新鮮，有花草樹木，較爲清靜的地方爲練功優選環境。但如條件所限，還是因地制宜，不可強求。

四、根據腫瘤部位選擇練功項目

根據腫瘤部位，要剛柔結合地選擇練功項目。例如乳腺癌根治術後，往往出現同側上肢腫脹、功能障礙，應選擇較強的練功方法。爲使其患肢運動幅度較大，促進血液循環，可選擇新氣功或練功十八法。肺癌手術（或放射治療）之後，常引起肺活量減低或合併肺炎、肺纖維化，可選擇十二段錦或新氣功練功法，逐漸加大換氣量，改善全身狀況，達到恢復健康的目的。乳腺癌病人選擇的練功法應剛中含柔；肺癌病人選擇的練功法應柔中有剛。若同是一人，開始練功可採用柔中有剛，然後逐漸剛中有柔，這種剛柔相濟的方法是氣功療法的特點之一。

五、根據季節和氣候選擇練功項目

季節有春夏秋冬之別，氣候有寒熱溫涼之差，方位有東西南北不同。因此，腫瘤病人由於所處的地區、季節、氣候不同，在選擇練功時也應該因地、因時、因氣候而異。如古人的二十四節氣坐功法就是以「天人合一」為指導思想的練功法。對腫瘤病人值得提出是，無論選擇何種練功項目，都要適合自己的實際情況。所謂實際情況，就是從自己的體質和病情出發，既不高攀，也不強求。譬如，按著練功要求，必須凌晨或拂曉到指定地點，按照規定時間，作到應有強度。這些對一般人來說是應該遵守的。古人有「心不誠，功不靈」之說。但是，對於腫瘤病人來講，不能千篇一律，急於求成。腫瘤病人素日體質不同，病情不同，治療方法不同，預後不同，所以必須「原則要求，靈活應用」，以避免意外情況發生。體質較弱的病人最好在醫生指導下，由家屬陪同行進練功為宜。

第四章　常見腫瘤病人自家療養須知

根據一九七七年中國第四次腫瘤會議資料，中國常見腫瘤大約有二十多種。臨床最常見有十五種，爲鼻咽癌、喉癌、食道癌、胃癌、大腸癌、肝癌、肺癌、甲狀腺癌、乳腺癌、宮頸癌、膀胱癌、白血病、惡性淋巴瘤、多發性骨髓瘤和腦瘤。這些腫瘤如果早期發現，合理治療，均有治癒機會。目前，各地均有治癒的病人。因此，樹立戰勝腫瘤病的信心是非常重要的。由於腫瘤病不同於其他疾病，不論是失掉根治機會的病人，還是得到及時住院治療（包括手術、放療、化療）的病人，都有一個如何進行自家療養的問題，都有如何選擇治療方案，如何配合醫生治療、如何調養護理等問題。爲此，本章結合臨床經驗，介紹十五種最常見的腫瘤病人自家療養須知。

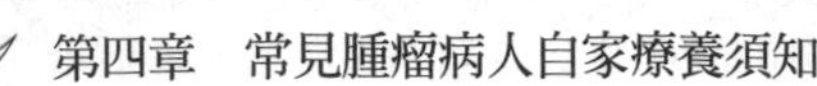

第一節　鼻咽癌病人自家療養須知

一、鼻咽癌病人如何選擇治療方法

鼻咽癌轉移較早，易侵犯顱底，解剖部位也較複雜。一般手術較難徹底，效果亦不理想。臨床常以放射治療爲主。

(1)鼻咽癌早、中期的治療方法應放射治療伍用中草藥。

(2)晚期鼻咽癌病人失去放射治療機會或治療後復發、轉移者，可採用中草藥、化療、單偏驗方等綜合治療。

二、鼻咽癌放射治療時如何配合調養

1. 放射治療時用藥

(1)放射治療時常用化瘀丸，可增加放療敏感性，提高治療效果；同時用滋陰丸，控制放療副反應，減少口乾、舌燥現象；再用生血片、雞血籐片、鯊肝醇等補氣養血，防止骨髓抑制、白細胞和血小板減少。

(2)放射治療損傷唾液腺體，影響分泌功能。病人長期口燥、咽乾、鼻粘膜脆弱易感染，甚至稍有感冒，便有血性分泌物流出，嗅覺喪失。因此，鼻咽癌病人放療後需長期服用滋陰潤燥湯劑，治療放療後遺症。丸劑有滋陰丸、首烏強身片、養陰清肺膏、二冬膏等藥物。

2. 放射治療時飲食調理　放療期間，多數病人由於口腔唾液腺損傷，食欲銳減，甚至噁心、嘔吐，故飲食調配十分必要。主食應以半流食或軟爛食物爲好，要營養豐富，味道鮮美，吸引病人喜歡進餐。副食方面要多吃新鮮菜蔬、水果，尤其更要多吃胡蘿蔔、荸薺、白蘿蔔、蕃茄、蓮藕和白梨、柑桔、檸檬、山楂等果品。

三、鼻咽癌放射治療後療養方法

(一)鼻咽癌放射後的合併症及後遺症

1. 放射性皮膚損傷
2. 放射性頜部、頸部皮下水腫
3. 頭面部急性蜂窩組織炎
4. 放射性中耳炎
5. 放射性齲齒
6. 頭頸部軟組織纖維化、張口及扭項困難
7. 放射性頜骨骨髓炎、骨壞死
8. 放射性顱神經損傷
9. 放射性腦病
10. 放射性脊髓病

㈡療養方法

1.心理療養方法

鼻咽癌放療後常發生一些併發症致功能障礙，如顳頜關節及咀嚼肌受射線的作用後可能發生退行性變和纖維化、肌肉萎縮、關節僵硬，以致出現顳頜關節功能障礙、張口困難。此時應耐心的勸解病人穩定情緒，幫助病人施行減輕痛苦的辦法，可進行局部自我按摩，用手在顳頜部作輕柔按撫、擦摩，以改善血液循環，並使上下排牙齒相互撞擊二十～三十次（可以用口進行），鍛練咀嚼肌，有力於功能的恢復。

本病放療後期，唾液腺分泌受抑制，出現口腔潰瘍、咽痛口乾，吞咽困難，影響進食時，病人應每日多漱口，指導病人服清熱生津的食品，教病人以舌頭在口腔內上下左右來回轉動，按摩口腔粘膜和齒齦，對刺激唾液分泌，清潔口腔，減輕痛苦有一定作用。痛苦減輕後，病人從心理上才能樹立戰勝疾病的信心。

2.藥膳自家療養方法

鼻咽癌放療後，多選用養陰生津之藥膳，下面介紹幾種常用的藥膳。

⑴山楂田七粥

原料：大山楂10克（帶核）、三七2克、粳米50克、蜂蜜適量。

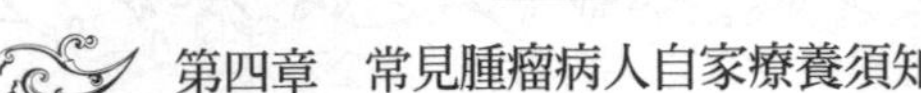

製法：將粳米淘洗乾淨後，將山楂、三七同置於鍋內，加清水適量，煮成稠粥，離水時加入蜂蜜即可食用。

服法：每日早餐溫熱食下，15天為一療程。

(2)兒茶大棗丸

原料：兒茶500克、大棗二五〇〇克

製法：將大棗洗淨加水煮熟去皮、核，在篩上揉取棗泥，然後把兒茶研如麵粉狀，兩者混合攪勻，揑成丸劑共製成210丸。

服法：每日三次，每次一丸。溫糖水送下。

(3)石斛生地飲

原料：石斛50克、生地50克、荷葉1張、藿香5克、佩蘭5克

製法：石斛生地煮水，至沸時，再放入荷葉、藿香、佩蘭，繼續煮沸5分鐘，濾取藥液，加入白糖，待冷，放入冰箱，作冷飲用。

服法：每次20CC，每日三次。

3.礦泉、浴療療養方法

鼻咽癌礦泉療養主要以吸入和飲用為主。對鼻咽癌放療後常用的礦泉為：重碳酸鈉泉、

氯化鈉泉、硫化氫泉等。

飲用重碳酸鈉、氯化鈉泉，可溶解分泌物的粘液，並有祛痰作用，同時又有緩解刺激的作用。吸入時，礦泉水細微水滴進入支氣管中，亦引起溶解粘液作用。

鼻咽癌放療後，進行硫化氫浴時，主要是吸入蒸發的硫化氫起到祛痰作用，浴後又能使放射治療後皮膚纖維化致張口困難、扭項障礙得以改善。此外，可應用含鈣、鎂泉浴療，因為鈣、鎂離子有鎮靜、緩解痙攣、抗炎、抗過敏的作用。

森林浴、藥湯浴對鼻咽癌放療後療養也有一定的作用。

4.物理療養方法

鼻咽癌放療後皮膚水腫，重者皮膚纖維化、頸項活動受限者可用靜磁法；對於併發神經損傷者，如放射性顱神經損傷、放射性腦病、放射性脊髓炎者，可採用脈沖磁場療法，同時應用生物肌電反饋、腦電反饋及皮電反饋療法進行療養。

5.自我保健按摩療養方法

鼻咽癌放療後併發放射性中耳炎、放射性齲齒者，可應用耳功、口腔功進行自我按摩；對於頭頸部軟組織纖維化，頸部活動受限，張口困難者，可應用頸項功、乾洗臉，點迎香穴進行自我按摩；對於放射性顱神經損傷、放射性腦病、放射性脊髓炎者，可應用梳頭皮、搓腰眼進行自我按摩。

6.針灸療養方法

(1)鼻咽癌放射治療後頸部軟組織纖維化、頸項活動障礙、張口困難者

體針療法：取用印堂、地倉、迎香、百勞、行間穴，留針15～20分鐘，隔日一次。

耳針療法：取外鼻、內鼻、咽喉、腎上腺、神門、肺點針刺、埋針或以王不留行穴位貼壓，4～5天更換一次，7次爲一個療程。

(2)放射性顱神經損傷、放射性腦病及放射性脊髓炎者

體針療法：百會、四神聰、風池、心俞、腎俞、迎香穴，留針15～20分鐘，隔日一次，3週爲一個療程。

耳針療法：腦點、神門、額、交感、咽喉、骶椎針刺、埋針或以王不留行穴位貼壓，4～5天更換一次，10次爲一個療程。

7.醫療按摩推拿療養方法

鼻咽癌放療後的康復療養，按摩推拿常用揉太陽法、揉按印堂法、捏四白法、按巨髎法、面部摩掐法、揉風池法、掐四神聰法、捏合谷法、點按行間法等手法。

8.氣功保健康復療養方法

鼻咽癌患者保健療養氣功可選用二十四節氣坐功、新氣功、智能功；對身體較好者，可練八段錦、太極拳等。

四、晚期鼻咽癌病人如何療養

1. **晚期鼻咽癌的治療**　晚期鼻咽癌常用中西醫結合的綜合療法。在醫生指導下，可用爭光霉素、平洋霉素、環磷酰胺和耳聾左慈丸、梅花點舌丹及石上柏片。輔用清熱解毒、化痰軟堅的湯劑，也是不可缺少的治療方法。

2. **晚期鼻咽癌病人的飲食調理**　晚期鼻咽癌病人，毒熱上炎，食欲極差。調配飲食，應以滋潤適口，芳香化濁爲好，如冰糖苡米粥、香菜清燉大鯉魚和鮮石榴、鮮烏梅、廣柑、香櫞、菠蘿、青梅、菱角、荸薺、白梨等水果。平時口含藏青果和鮮山楂，有消炎殺菌、清咽生津的作用。

五、調養護理注意事項

1. **鼻咽癌病人練功注意事項**　鼻咽癌病人練功應選二十四節氣坐功圖勢和十二段錦。通過叩齒、吐納、咽津等練功，有生津止渴、清咽潤燥作用。練功時要嚴防受涼感冒，引起鼻炎。

2. **鼻咽癌病人飲食禁忌**　鼻咽癌病人禁忌菸、酒、辣椒等刺激食品；慎用生葱、芥茉；用於熱性補藥，以防熱極化火。

3. **鼻咽癌病人的危象**　鼻咽癌病人發現固定部位頭痛或咯血和鼻衄者，速去急診，請醫生檢查處理。

4. **鼻咽癌病人放療後復查時間**　鼻咽癌病人放療後，應3～6個月復查，情況良好者可半年到一年復查。

第二節　喉癌病人自家療養須知

一、喉癌病人如何選擇治療方法

對喉癌的治療應視病變的範圍，使用不同的方法。

1. T1喉癌用放射治療伍用中草藥效果較好。
2. T2、T3的病變，宜行手術根治性切除，服中藥治療。
3. T4的喉癌以手術、放療、中藥相結合的綜合療法。

二、喉癌手術，放療時如何配合調養

1. 放射治療時的用藥和飲食調理

⑴喉癌在放射治療過程中最常見的併發症是喉水腫。必須配合消腫藥和激素以及滋陰清熱，利水消腫的中藥湯劑治療。

⑵飲食調理應選用營養豐富，容易咽下的食品，如牛奶、蛋糕、老鴨煲湯，新鮮蔬菜、水果等。

2. 手術後的用藥和飲食調理

⑴喉癌手術根治性切除後可用藥物鞏固療效和預防復發。常用的有一粒珠，養陰清肺膏，魚腥草汁等。

⑵手術後飲食調理以營養豐富的流汁或半流汁飲食爲主，避免刺激性食物，防止傷口感染和損傷。

三、喉癌手術，放療後療養方法

㈠喉癌手術、放療後的合併症及後遺症

1.施全喉切除術後可導致失語，暫時性味覺消失；根治性頸清掃術後，以及副神經切除，引起手術側肩部的外形缺陷及功能障礙，會發生斜方肌癱瘓，肩下垂症，肩胛骨旋轉功能及程度降低，但這些都取決於副神經最初分布到斜方肌的數量。

2.喉癌放療併發症有：喉水腫、喉軟骨壞死、出血和吸入性肺炎以及放射性皮膚損傷，皮膚肌肉纖維化等。

㈡療養方法

1.心理療養方法

喉癌術後導致失語問題，對病人今後生活及語言交流障礙，是一個嚴重的心理打擊，家屬應幫助病人克服語言障礙，進行食道語言訓練。若食道訓練不能成功者，囑病人不必緊張，指導安裝人工喉，稍加鍛練即可發聲，發聲時管子插進造口及口腔後可能會引起不適，發聲的清晰度和聲調不如食道語言。

對全喉切除後的病人要終生通過氣管造口呼吸，病人常感到氣管內乾燥不適，容易發生下呼吸道感染，病人心理比較緊張。此時應幫助病人禁菸酒，保持室內空氣清新，經常清新氣管管套等，幫助病人解除具體困難和進行技術指導，病人才有信心征服疾病，更快的適應新生活。

部分病人因手術中切斷胸鎖乳突肌及副神經，手術後出現肩下垂，肩活動障礙，病人心理很不安，形體上的缺陷，給病人帶來很大痛苦，應多開導勸解病人，教病人進行主動運動抗阻運動練習。也可著有墊肩的衣服等。

總之，喉癌術後病人心理十分複雜，幫助病人解決心理問題，以增強其戰勝疾病的信心，對疾病的康復是有一定作用的。

2. 藥膳自家療養方法

(1)喉癌病人手術後常用藥膳

喉癌術後除多食用一些養陰生津的水果外，均可按中醫辨證選用藥膳：

a．銀耳粥

原料：銀耳5～10克，大棗5枚，粳米50克。

製法：先將銀耳浸泡半天，用粳米，大棗一同煮粥，待煮沸後，加入銀耳，冰糖，即可食用。

服法：每日早晨溫熱食下。

b・參棗粥

原料：人參3克，粳米30克，大棗5枚，冰糖少量。

製法：將人參研末，上藥同入鍋中，加水適量煮成粥。

服法：每日早晨空腹溫熱服用。

(2)喉癌病人放療後常用藥膳

放射治療後除上述銀耳粥、參棗粥可選用外，還應選用滋陰化痰的五汁飲。

原料：西瓜汁或哈密瓜汁，生梨、橘子取汁，半夏20克，陳皮20克。

服法：半夏、陳皮煎湯，湯液與西瓜汁，梨汁，橘子相混，作飲料用，亦可放入冰箱作冷飲。

服法：每日當飲料服用。

3.礦泉、浴療療養方法

喉癌病人的礦泉療養以飲用及吸入礦泉爲主。可飲用碳酸泉，它能刺激舌知覺神經和味覺神經，有利於喉癌術後味覺的改善。吸入氯化鈉（NACI）礦泉，對粘膜的血液循環、營養、腺體活動等有良好作用。爲減輕下呼吸道炎症導致的咳嗽，使痰易咳出，也可吸入碘礦泉及鐵泉。

對於喉癌手術後斜方肌癱瘓者，出現肩下垂，肩活動障礙，有併發肩關節周圍炎，粘連性滑囊炎者可進行浴療，常用硫化氫礦泉浴，有利於血液循環，使皮膚瘀血減輕，軟化溶解角質，能降低發炎浸潤及活躍免疫機能。此外還有空氣浴、藥湯浴、日光浴、泥浴等。

4. 物理療養方法

對於喉癌術後併發斜方肌癱瘓，肩下垂，肩活動障礙者，可應用磁療脈沖磁場療法。如併發關節周圍炎，粘連性滑囊炎者可用靜磁法。生物反饋常採用肌電反饋，皮電反饋等。微波電療對喉癌放療後導致喉頭水腫，吸入性肺炎，對炎症組織水腫吸收和消散有一定作用，並能清除壞死組織。

5. 自我保健按摩療養方法

對於喉癌術後口乾咽痛者可進行口腔功能的自我按摩法，有利於口腔唾液分泌及清潔作用。術後併發肩活動障礙，肩關節周圍炎者，應做揉患側肩的按摩，可改善局部血液循環，有利於炎症吸收。對於放療後併發喉頭水腫，吸入性肺炎者可採用推舟式自我按摩方法，長期堅持，定會有益。

6.針灸療養方法

(1)喉癌術後失語者

體針療法：取通里、廉泉、下關、合谷、啞門、天突、人迎穴，每日選3～4穴，交替使用，每日一次，留針20分鐘，半個月爲一療程。針頭耳語音區，運動區和感覺區。

耳針療法：取腦點、神門、心、腎、皮質下區，強刺激，不留針，每日一次，15天爲一療程。

灸法：對於體質虛弱者可配用艾柱灸，爵艾灸。耳穴同體針，每次選3～5穴，交替使用，每日一次，灸20分鐘，15次爲一療程，休息五天，再開始第二療程。

(2)喉癌術後併發肩下垂，肩部活動障礙者

體針療法：取患側曲池、肩髃、肩髎、外關穴，留針20分鐘。可加艾灸或溫針法。15天爲一療程。一個療程後取風池穴，秉風、天宗穴，留針15～20分鐘。15天後再改第一個療程所採用的穴位。每日一次。

耳針療法：取肩、神門、皮質下、肩關節、腎上腺、肺點，埋針或王不留行穴位貼壓，3日更換一次，4～6週爲一療程。

7.醫療按摩推拿療養方法

(1)喉癌術後語言喪失者，可配用以下按摩推拿方法：枕後分推法，捏天柱法，掐魚際法，按揉太冲法。

(2)喉癌術後肩部活動障礙，可行下列手法：肩周圍按法，捏頸肌法，肩周拿捏法，捏腋前法，捏腋後法，推按陽明三穴法。

(3)喉癌化療後，可配合下列手：按天突法、按揉天牖、天容、天窗，枕後斜推法，捏腋後法，團摩湧泉法等。

8. **氣功保健康復療養方法**

喉癌術後放、化療後，都可進行氣功康復療養。對於術後病人可練新氣功，練功十八法，二十四節氣坐功，對減輕和恢復後遺症，預防腫瘤復發有一定作用。對於放、化療後體質虛弱者，應練內養功，智能功。體質較好者可練五禽戲等功法。

四、晚期喉癌病人如何療養

1. **晚期喉癌的治療**

晚期喉癌病人以中、西醫相結合的綜合療法。呼吸困難者可吸氧或行氣管切除術。服用降火化痰，清利咽喉的中藥湯劑，如逍遙散加減，六神丸加味等。

2.**晚期喉癌病人的飲食調養**

晚期喉癌病人腎虛內熱，濕毒蘊結，食欲極差。飲食調配以營養豐富的流汁或半流汁爲主，如牛奶、雞蛋花、果汁、薏米粥、牛肉煲湯等。

五、調養護理注意事項

1.**喉癌病人練功注意事項**：選擇空氣新鮮，有一定濕潤的地方練功，練功時要預防感冒，時間不宜過長。

2.**喉癌病人飲食禁忌**：在飲食上忌食刺激性食物，如辣椒、生蒜、生葱、芥茉麵等。也不宜食過硬及油炸食品，戒菸酒。

3.**喉癌病人危象**：喉癌病人由於腫瘤的壓迫或放療後併發喉頭水腫，出現呼吸困難，面色發紫者，立即到醫院搶救。

4.**喉癌病人手術，放化療後複查時間**：喉癌病人手術及放化療後三個月應複查一次，情況良好者可半年複查一次。

第三節　食道癌病人自家療養須知

一、食道癌病人如何選擇治療方法

食道癌早期治療方法主要是放射治療和手術治療，同時酌情配合中藥或化療。

⑴食道的上段癌症爲鱗狀上皮癌。對放射線有一定敏感性，可採用放射治療，配合服用中草藥。

⑵食道的下段癌症多爲腺癌。首先選用的方法應是外科手術，可配合中草藥治療。

⑶食道中段癌症既有鱗狀上皮癌，也有腺癌，治療時應根據其病理分型及解剖特點，分別選擇放射治療或手術治療。

⑷患晚期食道癌失去手術、放療機會，或治療後復發、轉移者，可採用化療配合中草

藥、針灸等綜合治療方法。

二、食道癌手術、放射治療時如何配合調養

1.手術後的用藥和飲食調理

⑴食道癌切除後可用藥物鞏固療效和預防復發。常採用降逆化痰的中藥湯劑和一粒珠、夏枯草膏、蛇膽陳皮散等粉劑。

⑵術後飲食調理要以流食、半流食爲主。避免任何刺激性飲食攝入，防止吻合口感染和損傷。醫生允許後再進普食。進食種類可參考胃癌飲食品種，見本章第四節。

2.放射治療時的用藥和飲食調理

⑴放射治療期間，必須配合應用滋陰降逆的湯劑或滋陰丸、生血片等。如果服片劑、丸劑吞嚥困難時，應化成水劑服用。

⑵飲食調理應選用營養豐富，容易嚥下的食品，如牛奶、蛋糕、山藥粉，以及新鮮水果和蔬菜，如香菜、苦瓜、油菜、木耳、紫菜。

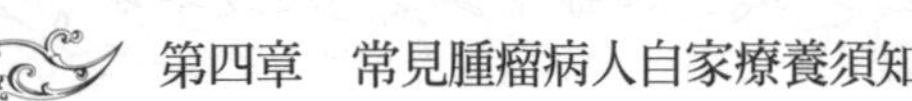

三、食道癌手術、放射治療後療養方法

㈠食道癌手術、放療後併發症及後遺症

1. 手術多併發吻合口狹窄、吻合口瘻、乳糜胸、喉返神經麻痺（多見聲音嘶啞、吞咽時嗆咳）等。

2. 放療後併發放射性皮膚損傷、放射性肺炎、放射性食管粘膜水腫、放射性食管瘻、放射性脊髓炎等。

㈡療養方法

1. 心理療養方法

食道癌的病人，因進食受到影響，病人心理極度不安，盡管手術、放療後，仍存在一些合併症，進一步影響病人飲食，病人心情十分焦慮、心理恐懼，對今後在身體恢復、生活能力等方面失望、悲觀。此時，應向病人耐心解釋病情，教病人進行自家療養方法，講述本病的病因與情緒關係的重要性，多給予精神安慰，避免情志的刺激，克服恐懼消極心理。

行放療後的食道癌病人，常因食管粘膜水腫，又影響飲食，病人誤解為病情加重，或者認爲醫生用錯了藥及治療方法，以後竟然拒絕用藥，使治療難以進行，此時醫護人員更要耐心向病人作好放療後的解釋工作，消除病人的誤會心理及對醫護人員的不信任感。

2.藥膳自家療養方法

(1)食道癌手術後常用藥膳

手術後的病人常以流食、半流食爲主，避免任何刺激性飲食攝入，防止吻合口感染及損傷，常選用藥膳爲：

a．韭菜汁

原料：鮮韭菜500克、紅糖適量。

製法：將鮮韭菜去根、洗淨、搗爛，絞取汁液50～100CC，加入糖調味即可食用。

服法：每日3次，每次50CC。

b．治噎六汁飲

原料：梨汁、人乳（或牛乳）、蔗汁、蘆根各等量，童便（童溺）、竹瀝減半。

製法：將以上諸汁藥液混合，一起加熱煮沸，待冷後飲之。

服法：代茶頻頻飲之。

(2)食道癌放療後常用藥膳

放射治療後除上述手術後藥膳可選用外，還應食用滋陰降逆的藥膳，常用藥膳爲：

a．薑韭牛奶羹

原料：韭菜250克、生薑25克、牛奶250ＣＣ。

製法：將韭菜、生薑洗淨，切碎搗爛，以紗布絞取汁液，放入鍋內，再加入牛奶250ＣＣ，加適量水煮沸，即可服用。

服法：每日三次，每次趁熱服50～100ＣＣ。

b．黃精玉竹飲

原料：黃精100克、玉竹100克。

製法：黃精、玉竹共煎湯，待冷，加入白糖飲用。

服法：每日數次，代茶飲。

3. 礦泉、浴療療養方法

食道癌的礦泉療養主要以飲用爲主，常用的礦泉有二氧化碳泉（CO^2）、重碳酸鈉泉和碘泉。

飲用二氧化碳泉和重碳酸鈉泉，有利於補充機體微量元素及刺激胃粘膜作用，增強胃的血液循環，促進胃液中游離鹽分泌作用，亦有增強食欲，促進消化功能的作用，有利於食道癌手術後及放、化療後，胃腸功能紊亂的康復；飲用碘泉又能激活機體的防禦機能，飲用後經過食道，有促進食道癌手術後瘢痕及放療後水腫的吸收，及新鮮組織再生作用。

礦泉浴對食道癌手術、放療後的康復療養也有一定的作用，常用的礦泉爲氡泉，氡泉浴可改善皮膚的血液循環，改善機體組織營養，改善和調節神經及增強人體代謝功能作用。對食道癌手術後併發神經損傷及放療後引起的放射性皮膚損傷、放射性食道炎的康復有較好的效果。其它浴療也可採用森林浴、日光浴。

4. 物理療養方法

食道癌術後吻合口炎症、吻合口狹窄應採用靜磁法，併發喉返神經麻痹者應用交變磁場療法，同時應用生物反饋中肌電反饋及腦電反饋療法；放療後皮膚損傷、食管粘膜水腫也應用靜磁法中間接貼敷法及皮溫生物反饋法；放療後併發脊髓炎者，應用肌電反饋法對康復療養會起到一定作用。對於手術後刀口疼痛、感染，化療後胃腸功能紊亂、神經功能紊亂者，應用動磁法，使炎症及水腫減輕，促進滲出的吸收和消散，並有鎮靜和提高機體免疫功能作用。

5. 自我保健按摩療養方法

食道癌手術後吻合口狹窄、喉返神經麻痹者，應用梳頭皮及頸項功；放療後併發放射性

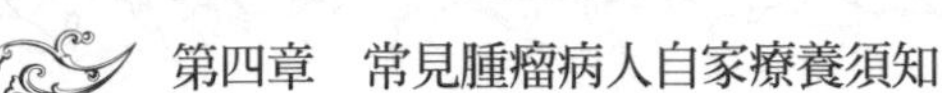

肺炎、放射性食管炎者，可應用撫胸按摩，促進炎症吸收，擴大肺活量，改善血液循環，加強其功能恢復。放療後併發脊髓炎者，應採用搓腰眼、擦丹田等自我按摩法，對其功能的恢復也起到一定的作用。

6. 針灸療養方法

(1)術後吻合口狹窄者

體針療法：取膻中、中庭、膈俞、三陰交、內關穴，留針15～20分鐘，每日一次，14次爲一個療程。

耳針療法：取神門、皮質下、胃、食管點針刺、埋針或王不留行穴位貼壓，3～4日更換一次，6週爲一個療程。

(2)術後吻合口炎症者

體針療法：取玉堂、中庭、至陽、足三里、內關穴，留針15～20分鐘，每日一次，14次爲一個療程。

耳針療法：取內分泌、脾、交感、三焦穴針刺、埋針或王不留行穴位貼壓，3～4日更換一次，6周爲一個療程。

(3)術後喉返神經麻痹者

體針療法：取偏歷、商陽、天鼎、內關、聽宮穴，留針15～20分鐘，每日一次，15天爲一療程。

耳針療法：取神門、面頰區、腦點、皮質下區針刺、埋針或王不留行穴位貼壓，3～4天更換一次，6周爲一個療程。

(4)術後膈肌痙攣頑固呃逆者

體針療法：取天突、膻中、身柱、靈台、至陽、膈兪、身柱至筋縮間的華佗夾脊穴、內關穴留針20～30分鐘，10次爲一療程。第一療程每日一次，以後隔日一次。

耳針療法：取食道、膈、交感、神門穴針刺、埋針或王不留行穴位貼壓，3～4日更換一次，6周爲一個療程。

(5)放射性脊髓炎者

體針療法：取內關、神門、豐隆、湧泉、廉泉、足三里穴，留針20～30分鐘，每日一次，20天爲一療程。

耳針療法：取肝、腎、內分泌、腎上腺針刺、埋針或王不留行穴位貼壓，3～4天更換一次，4～6周爲一個療程。

對於食道癌患者，無論是行手術、放化療等方法治療後，病人屬虛寒證者，也可應用灸法、或用溫針法，艾柱灸膈俞、胃俞等，一般灸20分鐘，15天爲一療程，停止5天，再開始第二療程。

7. **醫療按摩推拿療養方法**

(1)食道癌術後吻合口炎症、吻合口狹窄者，可配合下列手法：點按脊肋法、分摩肋季下法、按揉膻中法。

(2)食道癌術後膈肌痙攣、頑固性呃逆者，可配合下列手法：順氣法、推脊法、按揉膈俞法、點按內、外關法。

(3)食道癌放、化療後，可配合下列手法：推脊法、點按身柱、足三里法、團摩湧泉法。

8. **氣功保健康復療養方法**

食道癌術後、放化療後，身體情況較好者，可選用新氣功、太極拳，預防其復發和轉移以及增加機體抗病能力。體質虛弱者，選用內養功、自控功、二十四節氣坐功等，練功時要循序漸進，不可操之過急。

四、晚期食道癌病人如何療養

1. **晚期食道癌的治療**　晚期食道癌化療效果目前不夠理想。常用中草藥辨證論治加錫類散，可減少痛苦，延長生命。也可採用針刺心俞、膻中、膈俞穴位配合治療。

2. **晚期食道癌病人的飲食調理：**

(1)韭菜根100克，搗爛擠汁，蒸雞蛋2枚，分2次服用。

(2)羊膽、狗膽、豬膽、貓胎盤各一具，焙乾研麵，混勻。每次3克，每日2次，沖服。

(3)菱角50克、生苡米50克，煮粥內服。

(4)鮮鯉魚150克、大蒜30克，煮成肉凍。每次1勺，每日3次。

(5)平時可多吃核桃、梨、菱角、柿子、蜂蜜等。

五、調養護理注意事項

1. **食道癌病人練功事項**　食道癌病人練功應選十二段錦和新氣功療法。肺轉移咳喘時練功，要有家屬陪同，注意預防感冒。

2.食道癌病人飲食禁忌　食道癌病人禁忌菸、酒、辣椒、硬脆油炸食品。

3.食道癌病人的危象　食管道病人出現咯血、嘔血現象，速去醫院檢查，以防發生意外。

4.食道癌病人手術、放療後複查時間　食道癌病人手術、放療後，一般3個月複查一次，情況良好者，可半年複查一次。

第四節　胃癌病人自家療養須知

一、胃癌病人如何選擇治療方法

胃癌的治療方法雖然很多，但是首先應該外科治療。

1. **早期胃癌**　外科手術對早期胃癌可以根治。對表淺型胃癌病變在粘膜及粘膜下層的病例，手術切除後的5年生存率可達90％以上。術後可加中藥治療，調理胃腸功能，促其術後康復。Ⅰ期胃癌術後不用化療；Ⅱ期胃癌術後可酌情配合化療。

2. **中期胃癌**　中期胃癌也應爭取作根治手術，或作姑息性切除手術。術後應用中藥並作化療。

3. **晚期胃癌**　晚期胃癌患者如一般情況許可，而又無廣泛轉移時，應爭取作姑息性切除手術或短路手術。術後應用中草藥及化療。如有手術禁忌症時，可採用中西藥、針灸、民間偏方等綜合治療。

二、胃癌手術後如何配合調養

1.手術出院後的用藥　病人出院自家療養時，應常服一些調理胃腸及鞏固療效預防復發的藥物，如錫類散、山楂內消丸、人參歸脾丸、補中益氣丸及化療藥物。

2.手術後的飲食調理　病人術後住院期間，遵照醫囑由營養師進行飲食調配，家屬補充飲食應請教醫生。出院後，一般病人飲食均應選用高營養、少刺激食品。主食以素日病人習慣品種爲好，加米粥、糯米粥，有益無損。副食以鮮肉、鮮蛋、鮮菜蔬、鮮水果爲好。此外，病人若有胃偏寒、偏熱可選用以下食品：

(1)豬肚1個、胡椒30克、花生適量，再加調料煮爛。

(2)花生米50克、鮮藕根50克、鮮牛奶200CC、蜂蜜30CC，將花生米、鮮藕根搗爛，再共煮。每晚服30～50CC。適於胃熱病人。

術後病人每日3～5餐，飯量逐漸增加，不少病人半年後可恢復術前飯量。如有飯後噁心、嘔吐現象，不必著急，可稍坐片刻或慢行散步，症狀即可減輕。也可用生薑10克煎湯，頻服。若嘔吐不止，用柿蒂三枚煎湯，內服。嘔吐嚴重者，應請醫生檢查。

三、胃癌手術治療後療養方法

㈠胃癌手術後的併發症及後遺症

1. 吻合口梗阻、吻合口瘻；
2. 輸血襻梗阻；
3. 吻合口出血；
4. 傾倒綜合症；
5. 貧血、體重減輕等；

㈡療養方法

1. 心理療養方法

胃癌病人手術後，以腸代胃，飲食方面少量多餐，消化吸收差，病人出現消瘦及其它併發症，如吻合口梗阻、輸血襻出血等，對飲食都形成一定的阻力，患者對自己的健康失去信心，認爲經過較大的手術損傷，病情又未得控制，並無力改善現狀，就有一種失落感，而導致失望和抑鬱情結。有時自己面對鏡子，情緒更加消沈，此時應給予病人心理安慰，以激發其主觀能動性，轉化不良的心境，使病人感到自己的病還有希望，改變情緒，樹立戰勝疾病的信心，從而加速康復。

2.藥膳自家療養方法

胃癌術後藥膳的調理應以高營養、容易消化的食品爲主。常見的藥膳爲：胃寒者，可服豬肚煲、當歸黃花瘦肉湯；胃熱者，應服花生鮮藕奶和鮮馬齒莧湯。

⑴豬肚煲

原料：豬肚50克、胡椒30克、花生15克。

製法：將豬肚洗淨煮爛後，加花生一同煮30分鐘後，加胡椒及其它調料後，即可食用。

服法：每日30克，每日二次，做副食服。

⑵當歸黃花瘦肉湯

原料：當歸15克、黃花菜15克、豬肉（瘦）200克，鹽、料酒、葱、薑少許，味精適量。

製法：當歸、黃花菜洗淨，瘦豬肉切成片或絲，共同置鍋內，加鹽、料酒、葱、薑，水二千CC，文火煎湯，燒濃入味。加入少許味精，即可食用。

服法：每日一次，煲湯服。

⑶花生鮮藕奶

原料：花生50克、鮮藕根50克、鮮牛奶200CC、蜂蜜30CC。

製法：將花生用清水浸泡後，絞汁，再將鮮藕根搗爛，過濾後，二者混勻，再加入鮮奶共煮，煮沸後加入蜂蜜，即可食用。

服法：每晚服30～50CC。適於胃熱病人。

⑷鮮馬齒莧湯

原料：鮮馬齒莧200克，鹽、味精適量。

製法：將鮮馬齒莧洗淨，加水二千CC，一同煮沸後10分鐘，加入佐料，即可服用。

服法：吃菜喝湯，每日一次，內服。

3.礦泉、浴療療養方法

礦泉療法在胃癌康復方面主要以飲用爲主，其次是浴療對改善機體血液循環，增強機體抵抗能力也有一定作用。

常飲用的礦泉爲：重碳酸泉、氯化鈉泉及碳酸泉。飲用礦泉後，作用於胃壁，胃部受到刺激，對胃液分泌與胃液運動機能起作用，促進胃粘膜血液循環，除去炎症產物，對胃癌術後吻合口炎症及狹窄者適用。

胃癌術後切口感染、疼痛、四肢活動機能障礙的病人，浴療後對加速康復是必要的。多採用重碳酸鈉泉、硫酸鈣礦泉浴療，有利於機械的化學的作用洗淨分泌物與創傷，從而改善肉芽組織，促進手術切口創傷癒合。此外，日光浴、森林浴及冷水浴均有增強胃腸的蠕動功能，促進機體的新陳代謝，從而在胃癌康復療養階段，也起到一定的作用。

4.**物理療養方法**

物理康復療法在胃癌手術後應用較廣。常以動、靜磁療法聯合應用療效更加顯著。特別是對胃癌手術後吻合口梗阻、輸血襻梗阻者，磁療較為適用。對於手術後切口感染者，應用動磁法可促進炎症的滲出吸收。對於化療後，神經功能紊亂的病人，應用靜磁療法，對大腦中樞神經功能調節得以改善。

對於殘胃排空延遲症者，多因術後植物神系統功能紊亂使殘胃處於無張力狀態者，應用腦電生物反饋進行療養，對植物神經功能紊亂會起到一定作用。

5.**自我保健按摩療養方法**

胃癌術後常用的康復保健自我按摩方法有：乾洗臉、推舟式、擦腎俞等方法。對於手術或化療後，胃腸功能恢復較差者，可自我按摩足三里、胃俞、膈俞穴等。

6.針灸療養方法

(1)胃癌術後吻合口梗阻、輸血襻梗阻者

體針療法：取胃俞、膈俞、足三里、內關、中脘、公孫穴，留針15～20分鐘，15天為一個療程，每日一次。脾胃虛寒者可加艾柱灸，隔薑灸，14天為一個療程，隔日一次。

耳針療法：取胃、交感、脾、神門穴埋針或王不留行穴位貼壓，3～4天更換一次，6周為一療程。

(2)術後併發傾倒綜合症者

體針療法：取足三里、內關、膈俞穴，留針15～20分鐘，每日一次，15天為一療程。針灸完畢後，配合散步、站立，再進食。

耳針療法：取神門、垂體、內分泌、膈穴埋針或王不留行穴位貼壓，3～4天更換一次，6周為一個療程。

(3)術後繼發貧血者

體針療法：取大椎、胃俞、足三里穴，留針30分鐘，每日一次，15天為一療程。病人為虛寒者，應艾灸合谷、內關穴。

耳針療法：取心、腎、脾、交感穴埋針或王不留行穴位貼壓，每日一次，15日為一療

程。

胃癌術後或化療後，應用灸法頗有療效。若伴有胃痛、腹瀉等虛寒症時，可行雙胃俞瘢痕灸。方法：先在雙胃俞穴上塗敷蒜汁，然後放置艾炷施灸，一般灸5～10壯艾炷，灸後一周左右施灸部位化膿，5～6周左右灸疱自行痊癒，結痂脫落，留下瘢痕。此法可改善消化功能及提高機體的免疫能力，對其康復有一定作用。

7.醫療按摩推拿療養方法

胃癌未經手術者，局部禁用按摩推拿法，多配用點按胃俞、足三里、公孫穴。術後可用下述手法：上腹橫摩法、腹部斜摩法、臍周團摩法、背部拳揉法、順氣法、點肋補氣法。

8.氣功保健康復療養方法

胃癌術後，化療後均可運用氣功保健康復療養方法，具體功法可依病情選用。若素日體質強健，早期作了根治術，對身體損傷較小，可選用運動量較大的項目，如練功十八法、五禽戲、智能功、太極拳；體質較差，腫瘤治療不徹底，病情恢復較慢者，應選用新氣功、內養功、六字訣、自控功等。

四、晚期胃癌病人如何療養

1.晚期胃癌的治療　晚期胃癌患者的病情較複雜，多爲手術、放療、化療後腫瘤復發轉移或發現較晚失掉根治機會，腫瘤不斷發展，機體衰竭。因此治療較爲複雜。

⑴配合放療、化療用藥時，多以調理脾胃、提高血象爲主。常用首烏健身片和生血片、雞血藤片。自服氟脲嘧啶片者，應在醫生指導下進行。

⑵控制腫瘤發展，常用白蛇六味丸，小金丹、腫節風片和降逆化瘀湯藥。

⑶對症治療、減輕痛苦，常以辨證論治用藥，請醫生處理。

2.晚期胃癌病人的飲食調理：

⑴食欲不振的病人應多吃鮮石榴、鮮烏梅、鮮山楂。也可用桔皮、花椒、生薑、冰糖、雞胸，適量煮湯內服。

⑵呈現惡病質狀態的病人應該補給蛋白質類食品，如牛奶、雞蛋、鵝肉、鵝血、瘦豬肉、牛肉和新鮮菜蔬、水果等。糯米粥要求煮爛。

⑶呃逆、嘔吐的病人可針刺足三里、內關、膈俞穴，治療後再進餐。

(4)呈現黃疸、腹水的病人多吃冬瓜（帶皮及子）、西瓜和山藥粉、苡米粥等食品。還可配用艾灸足三里、三陰交、腎俞穴治療。

五、調養護理注意事項

1. **胃癌病人練功事項**　胃癌病人術後可以練功。參見第三章第三節。體質較弱的病人，應有家屬陪同。

2. **胃癌病人飲食禁忌**

胃癌病人飲食禁忌母豬肉、老窩瓜、白酒、辣椒。避免食用過涼、過硬的食品，改正每餐進食過飽的不良習慣。

3. **胃癌病人危象**　胃癌病人見有嘔血、黑便時，應立刻禁食，速去急診。

4. **胃癌復查時間**　胃癌根治術後，一般情況3～6個月復查一次。3年後，半年到一年復查一次。

第五節　大腸癌病人自家療養須知

一、直腸癌病人如何選擇治療方法

(1)早、中期直腸癌均應選擇外科根治手術治療，手術前後也可配用中草藥。

(2)晚期直腸癌應選用綜合治療。常用姑息手術配中草藥，或姑息放療配中草藥以及化療配中草藥治療。也有採用姑息手術、放療、化療伍用中草藥的大聯合治療方法。

二、直腸癌手術、綜合治療時如何配合調養

1.手術後用藥及飲食調理　直腸癌根治術後多數病例要作永久性結腸造瘻（人工肛門或

稱假肛）。因此，術後用藥目的在於調理腸胃功能與防止復發和轉移。

(1)鞏固療效、預防復發可採用氟脲嘧啶和腫節風片及長期食用馬齒莧菜。調理腸胃功能時，如大便偏稀，用藿香正氣丸及參苓白朮丸。大便偏乾，用麻仁滋脾丸，牛黃上淸丸。

(2)飲食調理要以營養豐富、容易消化的食品為好。大便偏稀時，多吃些細糧加苡米和含纖維素少的菜蔬及酸澀水果，如石榴、烏梅等。若大便偏乾，可多吃些粗糧加核桃仁、麻仁和含纖維素多的菜疏和水果，如芹菜、苦瓜、香蕉、獼猴桃等。

2.綜合治療用藥及飲食調理

(1)綜合治療用藥要根據治療方法而定，如放療時加用滋陰丸、生血片；化療時加用理氣丸、生血片。

(2)飲食調理除選用上述手術後食品之外，放療、化療時，應多吃鮮水果、菜蔬和動物內臟。

三、大腸癌手術、放射治療後的療養方法

㈠大腸癌手術、放療後的合併症及後遺症

1. 直結腸癌手術後，常併發腸運動功能紊亂、大便次數增多或腸粘連；
2. 乙狀結腸切除後，常由於結腸協調性固有運動機能的破壞而造成便秘；
3. 肛管、結腸吻合術常有排便次數增多，大便失禁；
4. 直腸癌手術後，男性病人50%有排尿功能障礙，多併發神經源性膀胱炎；
5. 33%到70%的直腸癌病人手術後性功能障礙，多因手術損傷腹下神經叢所致；
6. 直腸癌術後，永久性人工肛門造口感染、瘢痕粘連而發生退縮；
7. 大腸癌術後放療可使會陰部疤痕硬化或併發小腸炎、膀胱炎。

㈡療養方法

1. 心理療養方法

大腸癌手術後病人對糞袋使用的方法掌握不熟練，有時出現糞便洩漏，臭氣外溢，使病人十分苦惱、煩躁、緊張、發窘。此時，家屬及醫務人員應理解病人，積極幫助病人，給予解決實際問題，在病人面前，不可表現出反感態度，或者不耐煩而傷其自尊心，只有這樣，才能改變和緩解上述心理反應。

2. 藥膳自家療養方法

大腸癌術後多以營養豐富、容易消化的藥膳調理爲主，常選用藥膳爲：馬齒莧粥、人參胡蘿蔔、苡米粥等；大腸癌放療後應食些利尿、滋陰、補血之藥膳，多選用萊菔粥、馬齒莧花槐粥、藤梨根狗肉煲及核桃枝煮雞蛋、馬齒莧燉瘦肉等。

(1)人參胡蘿蔔

原料：人參30克、胡蘿蔔200克、大蒜10克。

製法：將人參煎湯，用人參湯煮胡蘿蔔，胡蘿蔔將爛，再加入雞、鴨、瘦肉鮮湯或其它調料。也可將人參加入山楂30克，然後加入大蒜等調料共炒，成人參胡蘿蔔湯。

服法：每日服一頓，當副食服之。

(2)馬齒莧槐花粥

原料：馬齒莧20克、槐花10克研麵，稻米30克、紅糖適量。

製法：先煮米成粥，將熟調入馬齒莧、槐花麵，再煮至熟即可，後放入紅糖適量，不拘時間進食。

服法：每日服一次，用量不限。

(3)核桃枝煮雞蛋

原料：核桃枝60克、雞蛋三枚。

製法：將核桃枝洗淨，然後和雞蛋一同煮，待雞蛋熟後，即可。

服法：吃蛋喝湯，每日一次，可連服一個月，停7天後再服。

3. 礦泉、浴療療養方法

大腸癌的礦泉康復療法主要以飲用和浴用爲主。其飲用的礦泉大體和胃癌飲用的礦泉相似，不同之處，即以偏鹼性泉水爲佳。

對於乙狀結腸切除術後而造成便秘者，可飲用硫酸鎂、硫酸鈉泉；直、結腸癌術後導致腸功能紊亂，肛管、結腸吻合術後排便功能改變者，可飲用碳酸泉、硫酸鹽泉和鐵泉，有利於改善和恢復其功能。

放療後導致的會陰部硬化及手術後肛門造口感染、瘢痕粘連者或術後腸粘連者，多採用礦泉浴，浴溫一般爲37~38℃，常用礦泉爲：氡泉、溴泉、硫酸鈣泉。浴後有改善手術後神經組織損傷的再生，並能洗淨假肛處感染的分泌物及軟化瘢痕及組織硬化的作用。同時溫水浴對改善緩解腸粘連也會起到一定作用。

此外，應用藥湯液，如復方槐花地榆坐浴液，桃根坐浴液，對直腸下段癌症的手術後康復療養也較常用，並收到一定的效果。

4. 物理療養方法

大腸癌術後康復階段，常採用物理療法。術後腸粘連病人，用磁法貼於粘連部位或用動磁法在粘連外進行磁療；術後人工肛門周圍有感染者及炎症性疼痛的病人，應用動磁法進行磁療，對其炎症的吸收起到一定作用；對手術後放療導致的會陰部瘢痕硬化者，應用磁療局部貼敷法康復治療；直腸癌術後而致排尿功能障礙者，用磁片貼敷關元、氣海、三陰交、腎俞、膀胱俞等穴進行康復療養，也有一定的療效。

對於大腸癌術後導致神經叢損傷者，應用肌電、腦電生物反饋療法，對恢復損傷神經，改善功能有一定作用。

5. **自我保健按摩療養方法**

大腸癌手術、放化療後，常採用的自我按摩方法有：乾洗臉、擦頸，並以指揉兩側太陽、四白等預防感冒，以增強機體的抵抗力，預防癌腫因機體免疫功能低下，而發生復發和轉移。同時應用搓腰部、擦腎俞等方法，配合指揉足三里、膀胱俞、中脘、大腸俞，加速術後、放療後導致的合併症功能恢復。

6. **針灸療養方法**

(1) 大腸癌術後排便次數不規律者

體針療法：取大腸俞、天樞、上巨虛、脾俞、支溝等穴，留針15～20分鐘，每日一次，

15天為一個療程，一個療程後改為隔日一次。氣滯者加中脘、行間，針用瀉法；氣血虧虛加胃俞、足三里，針用補法。

耳針療法：取大腸、小腸、腹點、交感、脾，埋針或王不留行穴位貼壓，3～4日更換一次，6週為一療程。

(2)大腸癌術後併發腸粘連者

體針療法：取中脘、天樞、足三里、三陰交、阿是穴、大腸俞、脾俞等穴，針法為瀉法，亦可加用電針，每日一次，15次為一療程。

耳針療法：取神門、交感、大腸穴，疼痛時針刺，強刺激；緩解時埋針或王不留行穴位貼壓，每3～4天更換一次，4周為一療程。

(3)大腸癌術後排尿功能障礙者

a．術後尿失禁

體針療法：取腎俞、膀胱俞、三焦俞、氣海、魚際、關元等穴，針刺用補法，並用艾柱灸腎俞、氣海穴，每穴灸10分鐘，每日一次，灸10次後，改為隔日一次。

耳針療法：取膀胱、尿道、皮質下、神門、三焦穴，埋針或王不留行穴位貼壓，3～4日更換一次，每日按揉5～7次，6周為一個療程。

b・術後排尿困難

體針療法：取關元、氣海、水道、三陰交、陽陵泉穴，針刺用瀉法，每日一次，15次為一療程。

耳針療法：取膀胱、腎、交感、三焦、皮質下穴，針法強刺激，或埋針、王不留行穴位貼壓，3～4日更換一次，按揉7～10次。

(4)大腸癌術後放療後繼發會陰瘢痕硬化者

體針療法：取八髎、白環、腎俞、中膂俞、長強穴，留針15～20分鐘，每日一次，10次為一療程，三個療程後，停7天，再做下一個療程的治療。

耳針療法：取腎、皮質下、外生殖器、肝穴，埋針或王不留行穴位貼壓，3～4日更換一次，4周為一個療程。

7.**醫療按摩推拿療養方法**

大腸癌未行手術治療前，腹部禁用按摩推拿療法。根治術後，可配合以下手法：上腹橫摩法、按腹中法、按天樞法、揉按足三里法、旋轉推按腹部俞穴等。

8.**氣功保健康復療養方法**

大腸癌術後練功時，一般選用太極拳、內養功、站樁、六字訣、十二段錦、新氣功等功法，不適合練增加腹壓的功法。

四、晚期直腸癌病人如何療養

1. **晚期直腸癌的治療**　晚期直腸癌除上述綜合治療方法之外，如果直腸癌未切除而保留肛門者，可全身與局部結合用藥。局部用藥可在肛門納入氟脈嘧啶或鴉膽子栓劑。全身用藥，可用核桃枝60克煮雞蛋三枚，兩小時後吃蛋喝湯；也可用馬齒莧菜60克燉瘦豬肉60克，吃肉吃菜喝湯；還可用藤梨根60克燉狗肉60克，吃肉喝湯等治療方法。

2. **晚期直腸癌病人的飲食調理**　晚期直腸癌病人的飲食調理除上述方法和食品之外，要多吃山藥粉、苡米粥、雞頭米（即芡實米）粥、動物肥腸和胎盤等。

3. **假肛發炎的處理**　假肛要經常清洗，保持清潔，預防感染。一旦感染出現炎症應內服黃連素、連翹敗毒丸，外用龍膽紫藥水塗抹，撒滑石粉防止摩擦。

五、調養護理注意事項

1. **直腸癌病人練功注意事項**　直腸癌術後練功時，一般選太極拳、站樁及臥功為好，不宜練增加腹壓的功法。

2. **直腸癌病人飲食禁忌**　直腸癌病人飲食忌用辣椒、生葱、韭菜、老窩瓜、扁豆。腹瀉時少吃白薯。

3. **直腸癌病人的危象**　直腸癌病人出現腹痛和腹部包塊或大量便血時，應請醫生處理。

4. **直腸癌病人術後複查時間**　直腸癌根治術後一般情況可半年到一年複查一次，特殊情況應及時複查。

第六節　肝癌病人自家療養須知

一、肝癌病人如何選擇治療方法

目前，肝癌仍以綜合治療爲主。由於病變部位不同，在選擇療法時有所側重。

1.**早期手術治療**　病變局限於一葉，且遠離肝門的腫物，發現較早者，應選外科手術治療，伍用中草藥。

2.**姑息性放射治療**　病變雖然局限，但無手術適應症，或轉移癌，可作姑息性放射治療，伍用中草藥。

3.**晚期綜合治療**　病變較爲廣泛、發現較晚，或轉移癌但體質較好者，可作化學治療，伍用中草藥。病情較重、體質較差者，以中醫中藥治療爲主，同時合理選擇單偏驗方。

二、肝癌治療時如何配合調養

1. 手術後的用藥和飲食調理　手術後用藥目的，在於防止出血、瘀血、感染以及調理消化功能。病人可用雲南白藥、化瘀丸、降火丸、牛黃清熱散和茵陳蒿湯及加味逍遙丸。飲食調理要高蛋白、高維生素飲食爲主，如牛奶、雞蛋、豬肝、雞肝、羊肝、山楂、香蕉、石榴、西瓜等食品。

2. 放射治療時的用藥和飲食調理　放射治療時，用藥目的在於保護肝臟、和胃利膽。病人可用滋陰丸、白蛇六味丸、香砂養胃丸、山楂內消丸、蜂王精等。飲食調理要以營養豐富而又滋潤的食品爲宜。病人可隨意選主食，宜加用蓮藕、荸薺、茭白、冬瓜、白梨、葡萄等鮮菜、鮮水果。

3. 化療時用藥和飲食調理　化療時，用藥目的在於養血柔肝、調理脾胃。病人可用生血片、胎盤糖衣片，人參歸脾丸以及舒肝和胃湯劑。飲食調理要以營養豐富、清淡爽口爲好，如清燉元魚、鯽魚、鵝肉和苡米粥、山藥粉、杏仁霜、冬瓜、鮮桃、蓮藕、西瓜等。

三、肝癌手術、放射、化學治療後的療養方法

㈠肝癌手術、放化療後的併發症及後遺症

1.手術後合併症爲術後瘢痕、纖維組織增生、膽汁瘀積（膽汁不暢）、發熱、感染、肝膿瘍等。

2.化學藥物介入治療後，有兩種情況發生：

⑴肝動脈灌注化療後併發血管壁損傷（占15~20%）、消化不良、噁心、嘔吐以及十二指腸炎或潰瘍、膽囊炎和胰腺炎等。

⑵肝動脈栓塞的併發症（栓塞後綜合症）：主要表現發熱、腹痛、噁心、嘔吐和痲痹性腸鬱張，肝功能異常、急性局限性缺血性胰腺炎、肝臟氣體等。

3.放射治療後，常併發包膜放射性損傷、肝臟纖維化、長期慢性腹痛等。

㈡療養方法

1.心理療養方法

肝癌病人手術、放化療後，對機體形成很嚴重的損傷，並且發生危害身體的合併症，大

多數病人對本病失去信心，並認爲肝癌爲癌中之王，恐懼治療後復發、轉移，此時家屬及醫護人員多勸解病人，解除病人恐懼和擔憂心理，以便積極配合治療。栓塞後化療藥物毒副作用而導致肝功能障礙、發熱等，甚者發生麻痹性腸鬱張等，病人內心十分痛苦，對病情失望，應向病人耐心解釋疾病的發展及治療過程，囑咐病人，改變情緒，若情緒不轉變，對疾病的康復是不利的。

2. **藥膳自家療養方法**

肝癌病人手術後因失血較多，藥膳調理以高蛋白、高維生素食品爲主，常選用藥膳爲：萊菔粥、赤小豆冬瓜鯉魚湯、生地谷芽粥等；化療後的藥膳調理以清淡爽口，營養豐富爲好，常選用藥膳爲：山楂鮑魚、清蒸鯽魚懷茯苓等；放療後藥膳調理以營養豐富，滋補肝陰爲主，常選用藥膳爲：蘆藕柏葉煎、雪梨魚腥草、滋潤雙花等。

(1) **萊菔粥**

原料：萊菔籽30克、大米75～100克。

製法：先將萊菔仔炒熟後研末，再加大米、水同煮成粥。

服法：每日一次，飯後服，吃飽爲止。

(2) **赤小豆冬瓜鯉魚湯**

原料：鯉魚1條（200～250克）、冬瓜250克、赤小豆50克。

製法：將鯉魚去鱗去內臟後，加冬瓜、赤小豆和適量水共煮，熟後分次服用。

服法：每日一劑，分次服用。

⑶山楂鮑魚

原料：鮑魚150克、山楂20個。

製法：將鮑魚煮爛，盛入盆中。山楂去核，稍加糖，製成泥狀。鮑魚切成條狀，用山楂泥拌食。

服法：每日一劑，以副食內服。

⑷雪梨魚腥草

原料：梨250克、魚腥草60克，食糖適量。

製法：取生梨洗淨，連皮切成碎塊，棄去核心。把魚腥草用水800ＣＣ浸透後用大火燒開，用文火煎30分鐘，棄去藥渣，留下澄清液500ＣＣ，把梨置於藥液內加入適量食料後用文火燒煮，待梨完全煮爛後即可食用。

服法：每日數次，代茶飲。

3.礦泉、浴療療養方法

肝癌病人康復療養礦泉療法主要以飲用和浴用爲主。常飲用的礦泉爲：硫酸鈉、重碳酸鈉泉。飲用後有消炎及降低膽固醇的作用，並有促進肝癌術後併發膽汁瘀積排出，有利膽效應，復甦肝臟的功能。對於化學藥物介入治療後，導致的消化功能障礙、肝功能損害、膽囊炎者，也可飲用上述二種礦泉，有利於加速其功能的恢復。

礦泉浴療對肝癌術後瘢痕、纖維組織增生以及放療後導致長期慢性腹痛等，有一定療效。常用硫酸鈉及硫酸鈉泉，浴時宜可同時飲礦泉，效果更佳。礦泉浴後再進行日光浴、熱水浴，以加速疾病的康復。

4. **物理療養方法**

肝癌病人手術後，對於併發膽汁瘀積、肝膿瘍者，採用磁療進行康復療養，對促進肝膽功能的恢復，對膿瘍液化的吸收，也起到一定作用，常用磁器貼於肝、膽部位或用動磁法在病變外進行交變磁場療法。對介入化療後導致的麻痹性腸鬱張者、放療後肝臟纖維化也可用磁片直接貼敷大腸俞、肝俞、足三里及病變部位康復治療，同時配合皮電生物反饋療法進行康復療養。

5. **自我保健按摩療養方法**

肝癌手術後，常用自我按摩方法有：擦湧泉、擦腎俞，有利於提高機體的免疫功能，提高肝腎功能。肝癌放、化療後可應用口腔功、乾洗臉等。同時根據不同的毒劑反應，再進行自我按摩，如栓塞後綜合症，以發熱爲主，可揉按大椎、風池穴；噁心、嘔吐爲主，可揉按內關、足三里、合谷；肝區疼痛爲主，可揉按湧泉、肝俞、膽俞等穴。

6.針灸療養方法

(1)肝癌手術後膽汁瘀積者

體針療法：取膽俞、肝俞、陽陵泉、太冲、中脘穴，留針15～20分鐘，每日一次，20次爲一個療程。若疼痛者用強刺激，留針，直到疼痛緩解。肝膽濕熱者，取膽俞、日月、膽囊穴，陰陵泉、曲池、行間，針用瀉法，留針30分鐘，每日2次；便秘加支溝；黃疸加至陰。氣滯血瘀者，選期門，日月、太冲、足三里，用瀉法，留針30分鐘，每日一次；呃逆、噯氣加內關、中脘穴。

耳針療法：取胰、肝、膽、交感、神門、內分泌、十二指腸，每次選2～3穴，強刺激，留針30分鐘，每日2次；或埋針、王不留行穴位貼壓，每2日更換一次，10日爲一療程。

灸法：可進行隔鹽灸神闕穴，每日一次，灸7天後，休息一周，再可進行。

拔火罐：取中腹部穴和背俞穴拔罐，每次3～4穴，每日1～2次。

⑵肝動脈栓塞後綜合症，噁心、嘔吐、發熱者。

體針療法：取中脘、氣海、足三里、內關、外關穴，留針15～20分鐘，每日一次；發熱者，可針刺大椎、風池穴。

耳針療法：取熱點、脾、胃、大腸、神門穴針刺或埋針、王不留行穴位貼壓，3～4天更換一次，10天為一療程。

⑶肝動脈栓塞化療後，肝功能異常者

體針療法：取肝俞、陽陵泉、章門、膽俞、足三里，用平補平瀉法，留針10～15分鐘，隔日一次。濕痰者，選胃俞、脾俞、三陰交、陰陵泉，用提插或捻轉補瀉，反覆運針再加灸法，在脾俞穴灸5～6次壯，隔日一次，10次為一療程。

耳針療法：取肝、膽、脾、胃，針刺雙耳，中等刺激，每日一次，留針60分鐘，10次為一療程。

⑷晚期肝癌併發腹水、出血者

體針療法：取肝俞，腎俞、脾俞、足三里、三陰交，公孫穴，留針15～20分鐘，隔日一次。腹水併下肢浮腫者加肺俞、偏歷、水溝穴；若黃疸重者加膽俞、陽陵泉、太冲、至陽穴；併發出血者，加膈俞、血海；發熱者，耳尖放血，針刺大椎、曲池、風池穴。

耳針療法：取腎、脾、神門、熱點、腦、腎上腺穴針刺、埋針或王不留行穴位貼壓，每1～2天更換一次，每日按揉5～7次。

7.醫療按摩推拿療養方法

(1)肝癌術後膽汁淤積者，宜用臍周團摩法、順氣法、腹部斜摩法、推脊法等。

(2)肝動脈栓塞後綜合症，局部不宜用按摩推拿法，可點按足三里、內關、神門穴。按揉大椎、曲池、胃俞穴。

(3)肝動脈栓塞後，肝功能障礙，局部不宜按摩推拿，可點按膈俞、肝俞、三陰交，按揉陽陵泉、至陽穴。

8.氣功保健康復療養方法

肝癌術後、放化療後，可練新氣功、六字訣（以「呵」字功爲主）、站樁、智能功；若身體恢復較好者，可加練五禽戲、練功十八法及太極拳。晚期肝癌可練內養功和十二段錦。

四、晚期肝癌病人如何療養

1.晚期肝癌治療

(1)晚期肝癌的治療除了參考上述方法之外，應以中醫中藥爲主，配用有效而無毒的偏方，如活蟾蜍酒（活蟾蜍五隻、黃酒500ＣＣ，先將黃酒蒸沸，再放蟾蜍，以慢火蒸60分鐘，去蜍取酒，冷藏備用），每日3次，每次10～20ＣＣ。

(2)發燒不退病人可加用牛黃清熱散、綠雪；腹脹尿少病人可選用安體舒通、速尿和氯化鉀及砂仁沉香麵1克沖服；肝區疼病人可加用白屈菜30克煎湯送元胡粉1克，也可用針灸足三里、照海穴止痛。如果劇痛時可外敷化堅膏並在化堅膏上撒麝香少許，有止痛作用。

(3)結核菌素皮膚劃痕的免疫療法，對控制腹水有一定療效。

2.**晚期肝癌病人的飲食調理**　晚期肝癌病人的飲食調理應配合治療，力求給病人選擇富有營養，易於消化的食品爲好。多吃些動物肝臟、胰臟和胎盤，有利於病人增強抗病能力。多灸做時可放山楂3～5枚，有助消導之功。多吃獼猴桃、紅蘿蔔、西瓜、香蕉，有疏通消化作用。

五、調養護理注意事項

1.**肝癌病人練功注意事項**　肝癌病人治療後可以練功，應選站樁和太極拳。但手術後不宜練功過早和活動量過大。腹水過多及肝包膜和肝癌結節有破裂可能者，不宜練動功。

2.肝癌病人飲食禁忌　肝癌病人飲食首先禁用一切劇毒藥物。忌服白酒、辣椒、母豬肉、老窩瓜、韭菜；慎服過硬及焦脆食品；少吃牛奶、肥肉等難消化而又產氣的食品。進餐時避免憂鬱憤怒，以防怒氣傷肝，引起不良後果。

3.肝癌病人的危象　肝癌病人如有腫物劇痛、嘔血、便血時，立刻禁食，速請醫生搶救。

4.肝癌病人的複查時間　肝癌病人手術切除後3個月複查一次，一般病人每月複查一次。

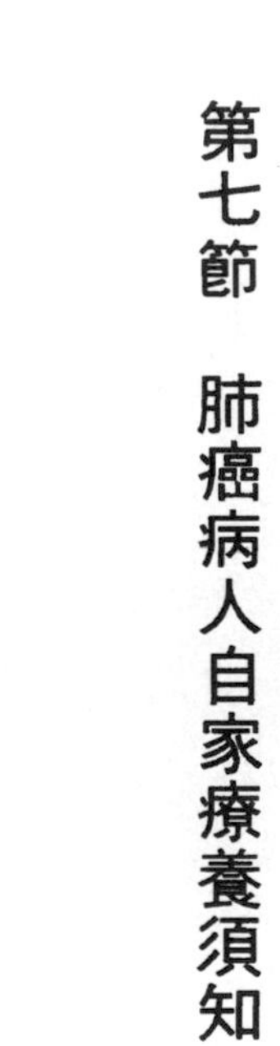

第七節　肺癌病人自家療養須知

一、肺癌病人如何選擇治療方法

根據病變部位、範圍、病情早晚、病理類型及病人全身選擇治療方法。

(1)肺癌早期、周圍型、範圍較小者，應選擇手術治療伍用中草藥加針灸療法，預後較好。

(2)中心型肺癌或小細胞低分化型肺癌，且病變範圍較廣泛者，應選放射治療，伍用中草藥加針灸療法。

(3)肺癌失掉手術或放療機會，並有遠處轉移或轉移性肺癌，應選化學治療伍用中草藥加針灸療法。

療。

(4)晚期肺癌機體衰弱、全身情況較差者，應以中醫中藥爲主配用針灸療法和單偏驗方治療。

二、肺癌手術、放射、化學治療時如何配合調養

1.**手術後的用藥及飲食調理**　肺癌手術之後，肺氣大傷，應以補氣養血爲主，可選用洋參保肺丸、養陰清肺膏。飲食調理用杏仁霜、山藥粉、鮮白菜、白蘿蔔、冬瓜（帶皮、子）白梨、蓮藕等食品。

2.**放療時的用藥及飲食調理**　肺癌病人放療時，肺陰大傷，應以滋陰養血爲主，可用滋陰丸、生血片。飲食調理用鮮菜蔬、鮮水果，如香菜、菠菜、荸薺、杏仁、桃仁、核桃仁、枇杷果、枸杞果等。

3.**化療時的用藥及飲食調理**　肺癌病人化療時氣血大傷，應以大補氣血爲主，可用五子補腎丸、托里扶正丸。飲食調理應用鷹龜、鮮鯉魚、白木耳、香菇、燕窩、向日葵、白梨、銀杏等。

三、肺癌手術、放射、化學治療後的療養方法

㈠肺癌手術、放化療後的併發症和後遺症

1.肺癌手術後導致肺活量降低，肺功能低下，手術瘢痕組織機化疼痛，引流口感染難以癒合，術側上肢活動受限等。

2.肺癌放射治療後導致放射性皮膚損傷，放射性食道炎（進食疼痛、胸骨後疼痛，多出現在放射治療後2周左右），晚期食道反應少見，但出現食道狹窄、潰瘍、瘻，還可併發放射性肺炎、放射性肺纖維化；心臟損傷（在少見的心臟合併症中常見有心包炎；放射性脊髓炎；放射性臂叢炎；肋骨骨折等）。

3.肺癌化療後，可引起靜脈炎及栓塞性靜脈炎、末梢神經炎等，或應用化學藥物注射不慎而漏於皮下引起局部組織壞死，以及化療後全身反應：消化道反應、骨髓抑制、脫髮等。

㈡療養方法

1.心理療養方法

鼓勵病人增強戰勝疾病的信心，胸懷要開闊，避免悲傷憂鬱的情緒，常聽節奏明快之樂

曲，亦可通過琴棋書畫陶冶情趣。若情況允許，可到花前樹下，池邊河岸，空氣新鮮之處散步、觀花、垂釣。如能持之以恆對肺癌手術、放化療有一定作用。

開導病人正確的認識疾病，如肺癌病人放、化療後出現高熱、咳嗽、呼吸困難等，病人心理十分恐懼，對疾病失去信心，家屬及醫護人員要多關心、體貼病人，詳細向病人解釋疾病的轉歸，告訴這種不適是可逆的，待治療停止後，加之康復方法，慢慢就會恢復的。如手術後病人，肺葉切除，肺活量降低，應多鼓勵病人加強體育鍛練，其強度從輕到重，從而改善肺功能，使病人能夠很快的適應新環境。

2.藥膳自家療養方法

(1)肺癌手術後常用的藥膳

肺癌術後，肺氣大傷，應服補氣養血之藥膳，常選用的藥膳爲：

a．冬蟲夏草鴨

原料：鴨一隻，冬蟲夏草30克。

製法：將鴨去毛和內臟，洗淨後放入鍋內加酒、調料煮至半熟，加入冬蟲夏草，繼續文火煮熟後，即可食用。

服法：每日一劑，吃鴨喝湯。

熟。

b・黃芪山藥飯

原料：黃芪200克、山藥150克、大米250克。

服法：黃芪煮水，用黃芪水煮大米成飯，將熟時，將山藥切成小塊，和入飯中，再煮至熟。

服法：每日可當主食食之。

(2)肺癌放療後常用藥膳

a・雪梨魚腥草（見第六節肝癌病人藥膳自家療養）。

b・石斛生地飲（見第一節鼻咽癌病人藥膳自家療養）。

(3)肺癌化療後常用藥膳

a・阿膠地黃粥

原料：阿膠30克、鮮地黃30克、糯米50克，白蜜適量。

製法：先將鮮生地切片，待水沸與糯米同煮成粥，臨熟，將阿膠搗碎炒成黃色後研爲細末放入粥中攪勻，再入白蜜煮熟即可食用。

服法：每日一劑，晨起或臨睡前均可服用。

還可服用戢菜鯉魚、批杷核桃膏等，對肺癌化療後的恢復有一定的效果。

3.礦泉、浴療療養方法

肺癌病人手術、放化療後的自家康復礦泉療法主要以吸入和飲用爲主。常用的礦泉爲：重碳酸鈉泉、氯化鈉泉。吸入後對支氣管、氣管粘膜的血液循環、營養、腺體活動等有良好作用，能減輕因肺癌術後導致肺部炎症，放療後併發放射性肺炎，出現咳嗽、咳痰，使痰液易咳出；飲用後，對放療後併發的食道炎、食道狹窄等，有消炎、減輕食道粘膜水腫及改善血液循環的作用，並有促進因放、化療後導致的胃腸功能紊亂的作用。

肺癌自家康復療養常用的浴療爲：礦泉浴、日光浴、洞穴浴。對提高機體的免疫功能和改善肺功能有一定的作用。礦泉浴多採用硫化氫泉進行浴療，浴療時主要是吸入蒸發的硫化氫起到祛痰作用。對肺癌手術後瘢痕組織機化疼痛者，進行硫化氫浴康復治療後，能軟化溶解角質，加強皮膚的血液循環，並有降低過敏性炎症浸潤及活躍免疫機能作用。其它如放射性氡泉對肺癌放、化療後心臟損傷康復階段也有一定作用。

4.物理療養方法

肺癌術後肺功能低下，放療後併發放射性肺炎、肺纖維化的病人，可將磁片貼於肺俞、膻中、中府穴進行靜磁療法，或用脈動磁場療法在肺臟病變外進行磁療。

肺癌放療後導致的放射性臂叢炎、放射性脊髓炎以及手術後患側上肢抬舉障礙者，考慮應用皮電生物反饋、腦電及肌電生物反饋療法，加速神經、肌肉損傷的功能恢復作用。

5. **自我保健按摩療養方法**

肺癌病人手術、放化療後，常用的自我保健按摩方法有：乾洗臉、擦頸、撫胸等，對預防感冒，擴大肺活量，改善肺功能，促進血液循環，提高機體免疫功能的作用。對放療早期併發食管炎者，可指揉廉泉、內關、湧泉穴。放療後導致臂叢神經炎者，指揉患側肩髃、曲池、肩髎等穴。

6. **針灸療養方法**

(1)肺癌術後肺功能低下者

體針療法：取肺俞、脾俞、足三里、腎俞穴，留針20～30分鐘，以補法針刺，每日一次，10次爲一個療程；對術後虛寒者，可艾柱灸肺俞、曲池穴，每日一次，7次爲一個療程。

耳針療法：取肺、鼻、氣管、神門、交感穴埋針或王不留行穴位貼壓，每3～4天更換一次，4周爲一個療程。

(2)肺癌放療後併發放射性肺炎者

體針療法：取中府、肺俞、孔最穴，留針15分鐘，每日一次，15次爲一個療程。

耳針療法：取肺、胸、交感穴，埋針或王不留行穴位貼壓，3～4天更換一次，6周爲一個療程。

(3)肺癌放療後併發放射性臂叢炎者

體針療法：取曲池、合谷、內關、肩髃、八邪、阿是穴，相應的夾脊穴，留針15～20分鐘，每日一次，或在以上穴位上用電針刺激，隔日一次。

耳針療法：取交感、額、神門、肩、肘穴埋針或王不留行穴位貼壓，3～4天更換一次，6周爲一個療程。

(4)肺癌化療後導致靜脈炎及血栓性靜脈炎者

體針療法：下肢取足三里、陰陵泉、解溪、行間、昆侖、照海穴，留針15～20分鐘，每日一次。上肢取曲池、外關、合谷、中渚、血海穴，留針15～20分鐘，每日一次，10次爲一個療程。

耳針療法：取肺點、迷根、平喘、神門、心、熱點、皮質下穴埋針或王不留行穴位貼壓，2～3天更換一次，4周爲一療程。

7.醫療按摩推拿療養方法

肺癌術後或放化療後，可施行寬胸法、拿肩井法、束胸法、按揉中府、點按肺俞、膈俞法，揉孔最、推前臂三陰法。對於晚期肺癌者，可選擇按中府、雲門法，束胸法，揉肺俞、膏肓法，背部分推法，掌推肩胛法，點按背脊法，揉尺澤法、推魚際法。

8.氣功保健康復療養方法

肺癌手術或放射治療後，常引起肺活量降低或合併肺炎、肺纖維化。可練新氣功、六字訣（以「呼」字功爲主）、十二段錦、內養功等。術後合併上肢活動功能障礙的病人，可加練練功十八法、太極拳、自控功等。

四、晚期肺癌病人如何療養

1.晚期肺癌病人的治療　晚期肺癌除了應用上述綜合療法之外，可加用豬膽或羊膽，每日一次，每次10ＣＣ；或用雞膽兩隻沖服。另外，犀黃丸、小金丹、養陰淸肺膏均可用。環磷酰胺伍用針灸療法和環磷酰胺伍用白蛇六味丸也可選用。咳嗽時可用消咳喘藥水及二冬膏、降火丸。

2.晚期肺癌病人的飲食調養　晚期肺癌病人飲食調養除上述食品外可加用：

(1)杏仁10克、鮮藕30克，用冰糖熘熟頓服，每日睡前一次。

(2)白梨50克、冬蟲夏草5克，水煎服，每日一次。

(3)枇杷果50克、枸杞果50克、黑芝麻50克、核桃仁50克熬熟成膏，每晚一勺。

五、調養護理注意事項

1. **肺癌病人術後練功注意事項**　肺癌病人術後、放療後，均可練功。選擇二十四節氣坐功圖勢及新氣功療法爲好。冷天練功時注意出汗時別受風，預防感冒。

2. **肺癌病人飲食禁忌**　肺癌病人切忌菸酒，少吃生葱、生蒜及過鹹食品。避免悲傷憂鬱，耗傷肺陰，陰虛火旺易引起咯血。

3. **肺癌病人的危象**　肺癌病人出現大咯血，固定部位的頭疼、骨痛、應去醫院進行復查。

4. **肺癌病人術後、放療後複查時間**　肺癌病人術後、放療後3~6個月複查一次，情況良好者可6~12個月複查一次。

第八節　甲狀腺腫瘤病人自家療養須知

一、甲狀腺腫瘤病人如何選擇治療方法

甲狀腺腫瘤十分複雜，古人分爲「五癭六瘤」，現代醫學包括癌腫、腺瘤、甲狀腺結節等。因其病理類型不同，治療方法亦不同。

1.臨床診斷爲甲狀腺腺瘤者，均應手術切除，配合中醫中藥治療。

2.臨床診斷爲甲狀腺癌者，早期應選擇手術切除，再配合放療，內分泌治療和中醫中藥治療。

3.晚期甲狀腺癌如已失去手術機會的，應以加入中藥治療。

二、甲狀腺腫瘤手術、放射治療時如何配合調養

1.甲狀腺腫瘤病人手術後的用藥及飲食調理

(1)手術後的用藥意在防治復發，化瘀解毒，補益氣血。可用甲狀腺素片及生脈散，二至丸加減等中藥湯劑。

(2)飲食調理方面以含碘食物爲宜，如海帶、海參、海蜇、牡蠣等海產品。

2.放療時的用藥和飲食調理

(1)放療期間應服用滋陰清熱，解毒抗癌的中藥湯劑，如滋陰丸加味。

(2)飲食方面應以有營養、易消化，清香可口的半流汁爲宜。如海帶綠豆沙、蓮子粥，海參煲湯或牡蠣湯等。

三、甲狀腺腫瘤手術、放療後療養方法

㈠甲狀腺腫瘤手術、放療後的合併症及後遺症

1. 單純甲狀腺癌切除，併發喉返神經損傷導致聲音嘶啞，甲狀旁腺功能低下症；甲狀腺癌聯合根治術後，常有頸部軟組織缺損，鎖骨頭外翻，肩下垂畸形，眼瞼浮腫，疼痛性肩綜合症等後遺症；少數病人也見甲狀腺及甲狀旁腺功能低下；手術中因喉返神經受累，行喉切除者，須做永久性氣管造瘻，致發音障礙。

2. 甲狀腺癌放療後常併發頸部放射性皮炎；放射性纖維化，頸部活動受限；唾液腺體損傷導致口乾舌燥、咽痛，甲狀旁腺功能低下等。

㈡療養方法

1. 心理療養方法

手術治療後，面臨著手術後併發症的恢復階段，部分病人承受不了這麼大的精神打擊，對併發症的癒後抱著消極態度，認為是永久性的，如術後損傷喉返神經，影響語言交流，聲音嘶啞等。此時，應安慰病人，消除這種消極的思想情緒，積極對待下一步的康復治療，對促進康復會有一定作用。

甲狀腺癌放療後，病人口乾舌燥，咽喉疼痛，粘膜潰瘍，輕者糜爛，重者滲血，或形成血泡，感染化膿，開口困難，進食障礙，有時甚至不能按計劃進行治療，中斷療程，此時應

多關心，體貼病人，可服滋陰解毒藥物，幫助病人順利完成治療任務。

2.藥膳自家療養方法

(1)甲狀腺癌術後常用藥膳

a．蛇皮煮雞蛋

原料：蛇皮2克，雞蛋1個。

製法：將蛇皮洗淨，曬乾研末，再將雞蛋破一小孔，裝入蛇皮末，封口蒸熟後食用。

服法：每次一個，每日二次。

b．昆布海藻煲黃豆

原料：昆布，海藻各30克，黃豆150～200克，食鹽，白糖適量。

製法：將昆布、海藻用水洗淨，黃豆用溫水浸泡片刻，撈出，同放入鍋中，加水適量，慢火煲湯，等黃豆熟透後加入食鹽或白糖調味，即可食用。

服法：喝湯吃豆，每日或隔日一次。

(2)甲狀腺癌放療後常用藥膳

a．米醋煮海帶

原料：海帶30克，米醋、白糖適量。

製法：海帶洗泡使之去淨鹹味，切絲，與米醋適量置入鍋中同煮，熟後調入白糖拌勻即可服用。

服法：每日一次，每次一劑。

b·甘蔗白藕汁

原料：鮮甘蔗500克，白藕500克。

製法：將甘蔗洗淨，去皮，切碎，取汁，白藕洗淨，去節，切碎，用甘蔗汁腌浸半日，再取汁服用。

服法：將製出汁分三次飲用，每日一劑。

3.礦泉、浴療療養方法

甲狀腺癌礦泉療法主要以飲用爲主，配合浴療康復療效更佳。常飲用的礦泉以含鈣、鐵、碘、銅的礦泉爲好，飲用後有增強甲狀旁腺的功能及拮抗甲狀腺分泌激素的作用，對抑制甲狀腺癌的發展及預防復發有一定作用。

應用礦泉浴療，如硫酸鈣泉，氯化鈉泉，碘泉等，對甲狀腺癌手術後及放療後併發頸部活動障礙，疼痛性肩綜合症，頸部放射性皮膚損傷者，對其功能恢復起一定作用。此外，日光浴、森林浴也常應用。

4.物理療養方法

甲狀腺癌手術後併發喉返神經損傷，頸部活動障礙，疼痛性肩綜合症者者，可應用靜磁法，將磁片直接貼敷病變局部或相應的穴位，如人迎、天突、合谷、肩髃等穴位。可用脈衝磁場療法進行動磁療法，配合肌電、皮溫生物反饋療法進行康復治療，會收到一定效果。對放療後併發症，也可應用磁療枕、磁療杯、磁療帽等，長期使用，機體功能恢復方面會得到改善。

5.自我保健按摩療養方法

甲狀腺癌手術、放療後，在康復期中常用的自我按摩方法有：口腔功、擦頸、揉肩、梳頭皮、撫胸等，能促進局部血液循環，改善口腔分泌功能，從而減輕口乾、疼痛。

6.針灸療養方法

(1)單純性甲狀腺癌切除術後，併發喉返神經損傷者

體針療法：取偏歷、商陽、天鼎、內關、聽宮穴，留針15～20分鐘，每日一次，15天爲一療程。

耳針療法：取神門、面頰區、腦點、皮質下區針刺，埋針或王不留行穴位貼壓，3～4天更換一次，6周爲一個療程。

(2)甲狀腺癌聯合根治術後，併發疼痛性肩綜合症者

體針療法：取患側肩髃、肩井、曲池、外關、秉風、天宗穴，留針20分鐘，可加艾灸或溫針灸，隔日一次，7次為一療程。

耳針療法：取肩、肩關節、神門、皮質下穴，埋針或王不留行穴位貼壓，3～4天更換一次，6周為一療程。

拔火罐：疼痛局部壓痛點處拔火罐，每周1～2次。

(3)甲狀腺癌術後或放療後，併發甲狀旁腺功能低下者

體針療法：取天突、廉泉、內關、三陰交穴，留針20～30分鐘，隔日一次，6週為一療程。

耳針療法：取皮質下、腦點、腎點，內分泌、交感穴，埋針或王不留行穴位貼壓，3～4天更換一次，4週為一療程。

(3)甲狀腺癌放療後合併頸部活動障礙，放射性皮膚纖維化者，針灸療法參見本章第一節，鼻咽癌的針灸療養方法。

7. **醫療按摩推拿療養方法**

甲狀腺癌術後，喉返神經損傷或語言喪失者，可配合枕後推拿法，揑天柱法，掐魚際

法，按揉太冲法。對於甲狀腺癌聯合根治術後併發疼痛性肩綜合症，肩部活動功能障礙者，可應用肩周圍按法，捏頸肌法，肩周拿提法，捏腋前法，推按陽明三穴法等。放療後併發頸部放射性皮膚纖維化者，可選用枕後斜推法，枕後分推法，按天突法，團摩湧泉法等。

8. 氣功保健康復療養方法

甲狀腺癌手術、放化療後，均可進行氣功康復療法，改善其手術、放化療後的後遺症症狀，提高機體的防病能力，預防復發和轉移起著重要的作用。常用的功法有：二十四節氣坐功、內養功、十二段錦、智能功、六字訣、新氣功等，體質較好者，可練練功十八法，五禽戲等功。

四、晚期甲狀腺癌病人如何療養

1. 晚期甲狀腺癌的治療

晚期甲狀腺癌妨礙呼吸和吞咽，放射治療為姑息性治療手段，可服用甲狀腺素片及舒肝理氣，化痰破結的中藥，如通氣散堅丸加減等。

2. 晚期甲狀腺癌病人的飲食調養

因癌腫壓迫食管及氣管，導致病人呼吸困難，吞咽障礙，因此，飲食調養應以高熱量、高蛋白的流汁或半流汁飲食，如牛奶、薏米瘦肉粥、雞或鮮鯽魚煲湯，新鮮蔬菜，水果汁等。進食時注意嗆咳，造成吸入性肺炎。

五、調養護理注意事項

1.**甲狀腺癌病人練功注意事項**　甲狀腺癌病人練功應選用前述功法，伴有甲狀旁腺功能低下者，要預防骨折，不必練動作幅度過大的功法。

2.**甲狀腺癌病人飲食禁忌**　甲狀腺癌病人禁忌刺激性及乾脆油炸食品。

3.**甲狀腺癌病人危象**　甲狀腺癌病人如出現大汗淋漓，血壓下降，心率減慢等休克徵象，立即送到醫院急診。

4.**甲狀腺癌手術、放療後複查時間**　甲狀腺病人手術、放療後，一般三個月複查一次，情況良好者，可半年複查一次。

5.**甲狀腺癌術後要囑病人口服甲狀腺素片**　服藥可抑制腦垂體前葉促甲狀腺激素的分泌，從而預防復發有一定作用。一般對乳頭狀癌、濾泡癌及髓樣癌效果較好。

第九節　乳腺癌病人自家療養須知

一、乳腺癌病人如何選擇治療方法

(1)早、中期乳腺癌患者應選擇外科手術伍用中草藥治療。
(2)中期乳腺癌還應佐以放療或化療。
(3)晚期乳腺癌選擇綜合放療法為宜，包括姑息手術、放療、化療和中草藥。

二、乳腺癌手術、放射、化學治療時如何配合調養

1.**手術後用藥及飲食調理**　手術後用藥目的在於補益氣血、化瘀解毒。可用八珍益母

丸、丹梔逍遙丸。飲食調理可吃山藥粉、菠菜、絲瓜、海帶、大棗等。

2.放療時用藥及飲食調理　放療時用藥目的在於滋陰清熱、養血化瘀。可用滋陰丸、生血片。飲食調理可吃杏仁霜、枇杷果、白梨、蘇子、蓮藕等。

3.化療時用藥及飲食調理　化療時用藥目的在於健脾和胃、補氣化瘀。可用人參健脾丸、首烏健身片。飲食調理可吃苡米粥、靈芝、木耳、山茨菇、橄欖、新鮮菜蔬和水果。

三、乳腺癌手術、放射、化學治療後療養方法

㈠乳腺癌手術、放化療後的合併症及後遺症

1.乳腺癌術後，因瘢痕壓迫，血液、淋巴液回流受阻，出現患側上肢腫脹功能障礙；單側乳腺根治術後，而導致乳腺一側缺如；乳腺癌根治術後或大劑量放療後而致臂叢神經麻痹；體質虛弱，術後創口久不癒合。

2.乳腺癌放療後併發胸部皮膚廣泛纖維化，放、化療後骨髓抑制、脫髮及胃腸功能紊亂者。

㈡療養方法

1. 心理療養方法

⑴乳腺癌患者一旦被確診，病人及家屬往往發生劇烈的心理變化，情緒抑鬱、低沉、恐懼，對今後在身體健康、家庭關係、生活能力等方面可能發生的問題產生焦慮，此時，應幫助病人及家屬正確對待疾病，穩定情緒，積極治療。

⑵乳腺癌術後，患者乳缺如而形成功能障礙和體形缺陷，病人心情煩躁、憂鬱，恐怕家屬嫌棄等心理變化，此時應幫助病人進行技術指導，術後幫助患者選戴義乳，穩定病人情緒，樹立戰勝疾病信心。

⑶乳腺癌根治術後，多併發術側上肢淋巴回流不暢，發生淋巴性水腫，而導致上肢活動功能障礙，病人思想有很大的顧慮，擔心會是永久性，應向病人做好解釋工作，耐心勸解勿心著急，指導病人進行鍛練，術後要抬高患側上肢，早期活動，上衣的袖要寬大，預感染的發生，做容易發生損傷的家務勞動時要戴手套，在患側上肢可做向心性輕柔推摩，以達早日康復的作用。

2. 藥膳自家療養方法

⑴乳腺癌手術後常用的藥膳爲：當歸羊肉、雞蛋全蝎、黃藥子酒等。

食。

a・雞蛋全蝎

原料：雞蛋1個、全蝎2個。

製法：將生雞蛋去蛋黃，用全蝎納入蛋白中，煮熟。亦可作一荷包蛋，再油炸全蝎共食。

服法：每日一餐，做副食內服。

(2)乳腺癌放療後常選用的藥膳為：雪梨魚腥草、蘆藕柏葉煎等。

a・蘆藕柏葉煎

原料：鮮藕250克（切片）、生側柏葉60克、鮮蘆根120克（切碎）。

製法：將生側柏葉搗汁，再煮鮮藕、鮮蘆根取汁，將兩汁兌勻後加白糖少許，即可涼飲之。藕可另食用。

(3)乳腺癌化療後藥膳多以健脾和胃，生血之調理為佳，常選用藥膳為：苡米粥、阿膠地黃、蓴菜鯽魚等。

a・蓴菜鯽魚湯

原料：蓴菜100克、鯽魚1條、薑、葱、鹽適量。

製法：把鯽魚洗淨，棄去腸、鰓，放入薑、葱、鹽與蓴菜同煮，鯽魚熟後即可食用。

服法：每日一次，吃菜喝湯。

3. 礦泉、浴療療養方法

乳腺癌礦泉療法主要以浴療爲主，對於乳腺癌根治術後併發患側肢體淋巴性水腫、術後出現肩關節內收攣縮功能障礙及大劑量放射治療合併皮膚纖維化、臂叢神經麻痹者，都可以採用礦泉浴療，常用的礦泉爲：氡泉、硫化氫及氯化鈉泉。浴後對改善局部血液循環，或減輕水腫，對其功能障礙者有促進恢復作用。

其它也可應用海水浴、酒浴、森林浴，對機體的康復會收到良好作用。

4. 物理療養方法

磁療及生物肌電、皮溫反饋療法用於乳腺癌根治術傷口感染、疼痛，患側肢體淋巴性水腫、肩關節功能障礙者，同時也可用於放射治療後併發臂叢神經麻痹等。一般磁片貼於病變的相應穴位及局部進行磁療，也可在病以外進行動磁及生物反饋療法。

5. 醫療體育療養方法

乳腺癌根治手術後範圍廣泛，創傷大，切口張力高，術後可能出現肩關節內收攣縮，功能障礙，因此，術後除了保持切口引流管通暢，防止滲出液和瘀血積聚，以免形成日後粘連。還應加強術後的醫療體育鍛練。術後病人一清醒即應使其採取半臥位，使術側上肢置於自然舒適的功能位，肩外展、略前屈、肘屈曲，術後第一天即可作指、腕、肘的屈伸活動及前臂旋前後，肩內旋外旋等動作，以後逐漸增加聳肩、肩外展、上舉動作等作肩關節活動練習，逐漸增加活動量和活動範圍，盡早恢復完全自理日常生活和部分家務活動，以最大程度地改善肩關節的功能，應避免患側上肢負荷過重。

乳腺癌根治術後，損傷了血管、切除了大量淋巴結，手術創傷形成粘連壓迫，常導致患側上肢淋巴回流不暢而發生淋巴性水腫，為了預防處理手側上臂的淋巴水腫，除了上述減少術後創傷形成粘連的體育鍛練等，還應及早的開始做體操鍛練。鍛練的方法主要是用患側上肢做操，而運動幅度又不大：(1)上臂運動包括聳肩；上臂稍外展，收縮上臂肌肉；(2)前臂運動是握拳，背屈腕關節；利用握圈等練習握拳和手指活動；(3)抬高患側上肢，盡量去攀高處的標記；(3)坐著或站立時，擺動患側手臂或做旋轉運動；(5)利用一根長木棍，放在背後或頸後，兩手左右來回作拉鋸樣運動；(6)讓健臂把患肢盡可以地牽拉到頭上面去；(7)直臂擺動運動為兩臂下垂，兩手在身前相握，由前面上舉過頭，然後盡量後伸從兩側落下。

以上這些操作要持之以恆，循序漸進，掌握運動量，不能操之過急，根據身體情況，逐步增加活動量。

6. **自我保健按摩療養方法**

乳腺癌術後、放療後常採用的自我按摩方法有：揉肩、頸項功、撫胸、擦丹田等，對術後及放療後各種合併症的恢復，會起到良好作用，同時配用指揉膻中、中府、肩井、曲池等穴。

7. 針灸療養方法

(1)術後上肢水腫，活動障礙者

體針療法：取患側肩髃、曲池、內關、外關、神門穴，留針15～20分鐘，每日或隔日一次，10次爲一個療程。

耳針療法：取肘、脾、腎上腺、肩關節穴，埋針或王不留行穴位貼壓，3～4天更換一次，4周爲一個療程。

(2)術後或放療後臂叢神經麻痹者

體針療法：取患側肩井、太淵、尺澤、商陽、合谷穴，留針15～20分鐘，每日一次，10次爲一個療程。

耳針療法：取肩、臂、交感、肝、熱點穴、埋針或王不留行穴位貼壓，3～4天更換一次，4周爲一個療程。

(3)術後創口癒合不良者

體針療法：取關元、氣海、足三里穴，每日一次，或用溫針及艾柱灸等方法。每次灸10～20分鐘，灸7次爲一個療程。

耳針療法：取腎、肝、內分泌、腦、腎上腺穴，埋針或王不留行穴位貼壓，3～4天更換一次，4周爲一個療程。

(4)乳腺癌放、化療反應

胃腸道反應，噁心、嘔吐者可針刺胃俞、中脘、足三里、內關、公孫穴，每日1～2次。耳針：取胃、賁門、健脾、神門穴埋針或王不留行穴位貼壓，每日按揉5～7次，4周爲一個療程。

骨髓抑制，血象下降及脫髮者，可針刺大椎、血海、足三里、心俞、肝俞、腎俞穴，每日一次。耳針：取腎、肝、腦、激素點、血液、三焦穴埋針或王不留行穴位貼壓，每日按揉5～7次，3～4日更換一次，6周爲一個療程。

8.醫療按摩推拿療養方法

乳腺癌術後、放化療後，應用按摩推拿對併發症的恢復起良好的作用，其常用方法爲：

(1)乳腺癌根治術後肩關節內收攣縮，功能障礙，患側上肢淋巴性水腫者，可採用按摩肩周法、按肩髃法、捏上臂法、搖肩法、推上臂三陽法、推前臂三陰法等。

(2)乳腺癌術後或大劑量放療後，併發臂叢神經痲痹者，可採用捏上臂法、推臂三陰法、肩周圍按法、肩周拿捏法。

(3)乳腺癌放、化療胃腸反應者，可採用按揉胃俞、內關、足三里法、腹部斜摩法、按上腹法、腹部橫摩法。

(4)乳腺癌放、化療後，血象下降、脫髮者，可採用點按足三里、血海，按揉大椎、肝俞、腎俞法。

9.氣功保健康復療養方法

乳腺癌術後和放、化療後，均可運用氣功療法。功法可根據病情分別選定，體質較好者，可選用動功：如練功十八法、五禽戲、太極拳、自控功等；體質差的可練靜功，採用臥式、坐式或立式，如站樁、六字訣、新氣功、內養功、十二段錦等。

四、晚期乳腺癌病人如何療養

1.晚期乳腺癌的治療：

(1)腫瘤堅硬可作姑息切除後，再加放療、化療伍用中草藥。可用滋陰補腎丸、五子衍宗丸和雞血藤片。

(2)腫瘤病變仍在胸部，可做姑息放療伍用六味地黃丸、首烏強身片。

(3)腫瘤已經擴散，可作化療（常用噻嗒哌），伍用生血片、海參片。

(4)乳腺癌已經全身擴散，可用丙酸睪丸素，伍用六味地黃丸、烏梅丸和內消瘰癧丸。

(5)局部處理有兩種情況。一種是乳腺癌未作手術，局部破潰，分泌物惡臭，可外用提毒散，內服小金丹；還有一種情況是手術或放療後，局部破潰結痂不脫，可用九轉黃精丹、人參歸脾丸、黃芪膏等。

(6)乳腺癌上肢功能障礙，多因術後血管、淋巴管回流障礙引起。呈現上肢腫脹功能障礙時，常用利水消腫、活血化瘀藥物，如白蛇六味丸、化瘀丸和利濕通絡的湯劑。同時加強練功，多選上肢抬高項目。

(7)瘤體堅硬者可用民間偏方，將龜板炙成細末，與黑棗肉爲丸，常服。

(8)月經失調者可用益母膏、定坤丹、白帶丸、逍遙丸等。

2. **晚期乳腺癌病人的飲食調理**　晚期乳腺癌病人的飲食調理除上述方法之外，還可用香油炸蠶蛹、香菜鮮鯽魚湯、哈什蟆油、鮮獼猴桃以及鮮菜蔬和鮮水果等。

五、調養護理注意事項

1.乳腺癌病人術後練功注意事項　乳腺癌病人術後爲求早日練功。可用練功十八法、十二段錦、太極拳等氣功療法。活動範圍由小到大，抬舉上肢練功艱苦，必須堅持。

2.乳腺癌病人飲食禁忌　乳腺癌病人忌服母豬肉、老窩瓜，少吃生葱、生蒜。

3.乳腺癌病人的危象　乳腺癌病人發現胸部、對側乳腺及腋窩有包塊時，應立刻作活檢，除外復發和轉移。

4.乳腺癌病人術後複查時間　乳腺癌術後一般6～12個月複查一次。有可疑復發跡象者，隨時複查。

第十節　子宮頸癌病人自家療養須知

一、子宮頸癌病人如何選擇治療方法

由於子宮頸癌絕大多數病人對射線較敏感，早期病人放療與手術的療效也基本相似，因此，目前子宮頸癌治療措施首選放療，其次為手術和綜合療法。

(1)原位與I期子宮頸癌手術或放療，可根據病人情況任選一種，伍用中藥。

(2)II、III期子宮頸癌應以綜合治療為主，可選放療加中藥或化療加中藥。

(3)晚期子宮頸癌應以中醫中藥為主，合理選用單偏驗方，以企帶病延年。

二、子宮頸癌手術、放射、化學治療時如何配合調養

1.放療時的用藥及飲食調養　子宮頸癌放療時，以養血滋陰為主，可用生血片、滋陰丸。飲食調養可用牛肉、豬肝、蓮藕、木耳、菠菜、芹菜、石榴、菱角等。

2.子宮頸癌病人手術後的用藥及飲食調養　子宮頸癌手術後，應以補腎調經為主，可用溫腎壯陽丸、八珍益母丸。飲食調養可用豬肝、山藥粉、桂圓肉、桑椹、黑芝麻、枸杞果、油菜、蓮藕等。

3.子宮頸癌化療時的用藥及飲食調養　子宮頸癌化療時，以健脾補腎為主，可用人參歸脾丸、首烏健身片。飲食調養可用山藥粉、苡米粥、動物肝、胎盤、阿膠、元魚、木耳、枸杞果、蓮藕、香蕉等。

三、子宮頸癌手術、放射治療後的療養方法

㈠子宮頸癌手術、放射治療後的合併症及後遺症

1.子宮頸癌手術後的併發症，如單純錐形切除術後，一般無併發症；如行子宮全切術後，常併發心理上的障礙及內分泌紊亂現象。

2.子宮頸癌腔內及體外放療併發症：局部感染、放射性皮炎及皮膚纖維化、潰瘍，放射性直腸炎（裡急後重、大便疼痛、便血等）、重者出現陰道直腸瘻、陰道胱膀瘻，甚至前後損傷形成陰道、直腸、膀胱瘻（三通管）等。

㈡療養方法

1.心理療養方法

子宮頸癌子宮全切術後，病人思想上有很大顧慮，憂慮術後失去生育能力及對性生活影響，又擔心丈夫不能接受這個事實及被丈夫遺棄等，此時家屬及醫務人員應主動開導病人，理解病人，以解除其思想的憂慮，積極爭取下一步的治療。

子宮頸癌病人手術後，出現內分泌紊亂現象，如煩燥、易怒、多汗、失眠，病人心理不安，應向病人解釋是因手術造成的，家屬多體貼病人，並積極給予藥物調理。部分病人放療後出現尿血、便血，心理十分恐懼，懷疑腫瘤已侵犯直腸、膀胱，應向病人作好解釋工作，是因放療後所致，積極幫助病人醫治併發症，以消除其恐懼心理，樹立戰勝疾病的信心，加

速疾病的康復。

2.藥膳自家療養方法

(1)子宮頸癌手術後，應以補腎調經藥膳調理為主，常用藥膳為：山楂鮑魚、冬蟲夏草雞、斑蝥燒雞蛋、守宮丸等。

a・斑蝥燒雞蛋

原料：斑蝥2隻、雞蛋一個。

製法：將斑蝥2隻去頭足放入雞蛋中，用棉紙包好，柴火燒熟，去斑蝥吃雞蛋。

服法：隔日一次。

b・守宮丸

原料：守宮（壁虎）1～2條、麵粉30～60克，白糖適量。

製法：將守宮殺死，淡酒洗淨表皮，去內臟，焙乾研末，與麵粉混合拌勻，放適量溫水揉和，蒸熟後，製成小藥丸6～12枚，晾乾貯瓶備用。

服法：每次2丸，每日3次，以少量黃酒送服。

(2)子宮頸癌放療後藥膳多以養血、滋陰為主，常用藥膳為：無花果煮雞蛋、薺菜百合、核桃枝煮雞蛋等。

a．薺菜百合

原料：薺菜100克、百合50克。

製法：將薺菜洗淨，斬成末。百合洗淨，分開成瓣。炒薺菜時，再加入百合同炒，在鍋中至百合稍爛。加入糖或鹽後即可食用。

服法：每日一次，做副食服用。

b．核桃枝煮雞蛋

原料：核桃枝60克、雞蛋3枚。

製法：將核桃枝同雞蛋一同煮2小時後，吃蛋喝湯。

服法：以湯汁送吃雞蛋，分1～2次服食，可以長期服用。

3.礦泉、浴療療養方法

子宮頸癌礦泉療法以飲用和浴用二種方法為主。對於放療後併局部皮膚感染、硬化、纖維改變者及手術後併發內分泌功能紊亂的病人，可採用氡泉、硫化氫泉、碘泉、硅酸泉等進行浴療，有增強細胞免疫功能，改善血液循環，並對植物神經起到調節作用，又有消炎、鎮靜、止痛作用。

子宮頸癌放療後引起放射性膀胱炎、放射性直腸炎的病人，可飲用鐵泉和碳酸泉；併發外陰、陰道炎者，應用藥湯局部浴療，如三白三黃洗劑、復方蛇床子散、花椒艾葉湯坐浴。

4.**物理療養方法**

子宮頸癌手術後傷口感染、疼痛，可用磁療片直接貼病變相應的穴位。內分泌我能紊亂可將磁片縫到帽子、內衣、鞋子裡，使穴位接受磁場而發揮作用。對於放療後合併直腸、膀胱炎，可應用靜磁療法將磁片貼於腎俞、膀胱俞、長強、水溝等穴，可配用動磁及生物反饋療法，如腦電、肌電反饋療法。

5.**自我保健按摩療養方法**

子宮頸癌康復保健自我按摩方法：擦腎俞、擦丹田、和帶脈、搓腰眼等。有調和氣血，培育元氣，疏通經絡及止痛作用。同時也可根據病變的部位，進行相應指揉穴位按摩，以增強其康復保健療養作用。

6.**針灸療養方法**

(1)手術後內分泌紊亂者

體針療法：取足三里、心俞、腎俞、外關穴，留針15～20分鐘，隔日一次，10次爲一個療程。

耳針療法：取神門、腦、內分泌、子宮、交感、肝穴針刺或埋針、王不留行穴位貼壓。

3～4天更換一次，4周爲一個療程。

(2)放療後合併放射性膀胱炎者

體針療法：取膀胱俞、腎俞、三陰交、水道、氣海、關元穴，留針15～20分鐘，每日一次，10次爲一療程。

耳針療法：取膀胱、尿道、神門、交感、三焦穴，針刺、埋針或王不留行穴位貼壓，3～4天更換一次，4周爲一個療程。

(3)放射性直腸、陰道炎者

體針療法：取中極、殷門、上巨虛、脾俞、大腸俞、關元、天樞穴，留針15～20分鐘，每日一次，10次爲一個療程。

耳針療法：取大腸、小腸、下腳端、肺、脾、內分泌、腎上腺穴，埋針或王不留行穴位貼壓，3～4日更換一次，4周爲一個療程。

7.醫療按摩推拿療養方法

子宮頸癌術前，下腹部忌用推拿按摩方法；行根治術後，可用下列手法：摩季肋下法、側腹擠推法、斜摩下腹法、按氣冲法、按陰陵泉法、腰部直摩法、揉命門法、按股內法等。

8.氣功保健康復療養方法

子宮頸癌早期根治術後，身體狀況較好者，可選用運動量較大功法，如練功十八法、五禽戲、八段錦、太極拳等；晚期病人，體質差者，不宜活動量過大，可選用內養功、六字訣、自控功、智能功、十二段錦等。

四、晚期子宮頸癌病人如何療養

1.晚期子宮頸癌治療　晚期子宮頸癌分泌物惡臭者以健脾利濕法治療，可用八正散加白帶丸，或用鮮花椒50克水煎服。治療小腹、下肢疼痛應以溫腎解毒爲主，可用虎骨木瓜丸加犀黃丸治療。都可配用民間偏方，如核桃枝60克，煮雞蛋3個，2小時後吃蛋喝湯；或斑蝥兩隻，去頭足放入雞蛋內，用綿紙包好，柴火燒熟，去斑蝥吃雞蛋，均有一定療效。針灸三陰交、腎俞，也有減輕症狀、增強體質的作用。

2.放療後遺症的處理　子宮頸癌放療後常繼發直腸炎、膀胱炎、尿道炎，常有便血或尿血現象。應用十灰散加雲南白藥治療。白細胞、血小板減少時，用雞血藤膏和生血片治療。

3.晚期子宮頸癌飲食調養　晚期子宮頸癌病人的飲食調養，應選高蛋白、高熱量的食品。如牛奶、雞蛋、牛肉、元魚、紅小豆、綠豆、鮮藕、菠菜、花椒、胡椒、香蕉、冬瓜、

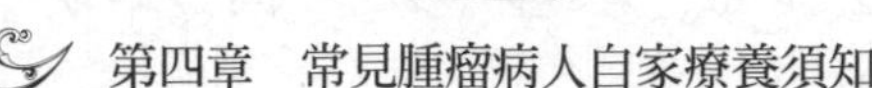

西瓜、蘋果等。

五、調養護理注意事項

1.子宮頸癌病人練功注意事項　子宮頸癌早期根治術後，可以參照第三章第三節選擇練功項目，晚期病人應選太極拳、坐功等法，不宜用力過猛。

2.子宮頸癌病人飲食禁忌　子宮頸癌忌用菸酒，少吃韭菜、生葱。服湯藥時避免生冷、油膩飲食。

3.子宮頸癌病人危象　子宮頸癌病人，突然出現陰道大流血或放射治療後大量便血、尿血，均應速去醫院急診。

4.子宮頸癌複查時間　一般早期病人行根治術後可以半年到一年複查一次。晚期病人3～6個月複查一次。

第十一節　膀胱癌病人自家療養須知

一、膀胱癌病人如何選擇治療方法

膀胱癌的治療原則包括手術、放射治療，化學藥物治療，免疫治療以及中醫中藥治療，但仍以手術治療爲主。

1.腫瘤只浸潤粘膜或粘膜下層，惡性程度較低，基蒂較細的膀胱乳頭狀瘤，選擇局部切除及電灼術，伍用中藥。

2.範圍較局限的浸潤性乳頭狀癌和位於遠離膀胱三角區及頸部區域的腫瘤可選擇部分膀胱切除加化學藥物膀胱灌以及加服中藥。

3.對於範圍較大，分散的多發性腫瘤以及腫瘤位於膀胱三角區近或位於膀胱頸部的浸潤性腫瘤應做全膀胱切除並中藥治療。

二、膀胱癌手術、放射、化學治療時如何配合調養

1.膀胱癌手術後的用藥及飲食調理

(1)膀胱癌手術後復發的機會較多，術後傷口癒合即可開始行化學藥物膀胱灌注，一般用卡介苗（ＢＣＧ），絲裂霉素，阿霉素等。同時服用清熱解毒，健脾利濕的中藥湯劑，如八正散加減，白蛇六味丸，六味地黃丸等。

(2)膀胱癌術後飲食調養方面以滋陰補腎食品爲好，如核桃仁、桑椹、黑芝麻、薏米粥、鴨汁粥等。

2.膀胱癌放療時用藥及飲食調養

放療時宜用滋陰清熱，健脾利濕的中藥湯劑。飲食調養以西瓜、桔子、菠蘿蜜、銀耳等健脾和胃之物較好。

3.膀胱癌化療時用藥及飲食調養

化療應以補氣養血，補腎塡髓的中藥配合治療，如滋陰丸、六味地黃丸加味等。飲食以

赤小豆、蓮子、冬瓜、核桃等爲好。

三、膀胱癌手術、放射、化學治療後療養方法

㈠膀胱癌手術、放化療後的合併症及後遺症

1. 膀胱癌術後常併發泌尿系感染，尿路刺激症狀及腎功能損傷；如行迴腸膀胱術及直腸，膀胱、乙狀結腸造口術者，常繼發造口處局部感染。

2. 放射治療後，常併發膀胱反應，輕者尿急，尿頻，有時出現血尿；重者出現放射性膀胱炎，膀胱纖維化及攣縮性膀胱，嚴重尿路刺激症狀；個別放射治療還可合併膀胱直腸炎，膀胱陰道炎（女性病人）；重者繼發膀胱直腸瘻，膀胱陰道瘻及膀胱、陰道、直腸瘻（三通管）等。

3. 化療後多併發全身反應，如骨髓抑制，胃腸道反應等，同時還併發尿路刺激症狀，如尿頻、尿急、尿痛等。

㈡療養方法

1. 心理療養方法

對膀胱全切除行尿路改道的病人，術前應有充分的心理準備，堅定治療信心。放化療時常出現一些毒副作用，治療的次數越多，病人心理越緊張，恐懼感很重。此時應多向其解釋治療的效果及重要性，以增強治療信心，順利度過治療難關。

2.藥膳自家療養方法

(1)膀胱癌術後宜服健脾利水，補腎強身之物可選用以下藥膳：

a・藤梨根燉狗肉

原料：藤梨根60克，狗肉60克，葱、薑、鹽、味精適量。

製法：將藤梨根洗淨，煎後，以湯液濾出。再將狗肉洗淨，切成塊，將藤梨根濾液倒入鍋內，燉至狗肉熟透爲止。

服法：每日一次，吃肉喝湯。

b・春盤麵

原料：麵條100克，羊肉50克，羊肚、羊肺各50克，雞蛋1隻，蘑菇、韭菜、苔菜、薑適量，胡椒、鹽、醋少許。

製法：先用水煮麵條、蘑菇、生薑，半熟時放入用佐料浸透切成片的羊肉、雞蛋、熟羊肚、羊肺及苔菜，臨熟時再放入韭黃，胡椒粉醋少許，作午餐食。

服法：每周1～2次，作午餐食用。

⑵膀胱癌放療時宜服用滋陰潤燥及健脾和胃之物，常選用蘆根薏米綠豆湯：

原料：蘆根30克，薏米30克，綠豆30克，白糖適量。

製法：將蘆根洗淨，用水先煎30分鐘，棄去蘆根，澄清湯汁；苡米、綠豆，用蘆根湯汁文火煮爛，加白糖食用。

服法：每日一劑，分次服。

⑶膀胱癌化療時應服補氣養血，補腎填髓類藥膳，如赤小豆鯉魚湯：

原料：赤小豆200克，活鯉魚1條（重500克以上），鹽（或糖），薑、葱、料酒、味精適量。

製法：鯉魚剖殺洗淨，與赤小豆同放入鍋內，加上述調料及水二千～三千CC清燉至赤小豆爛透，加入味精即可食用。

服法：每日或隔日一劑，可連續服用。

3.礦泉、浴療療養方法

膀胱癌礦泉療法主要以飲用和浴水爲主。常用的有碳酸泉和重碳酸泉，這兩種礦泉都有明顯的利尿作用，有利於毒素的排泄。康復期多用於術後併發泌尿系感染，放射性膀胱纖維化及化療合併消化道反應等。但膀胱腫瘤併發膀胱急性炎症，腎功能不全及高度浮腫的腎病慎用飲用礦泉療法。

浴療對膀胱腫瘤手術，放化療後的康復也有一定作用，常用的礦泉有：硫酸鈣泉、鐵泉、碳酸氫鈉泉，浴療後有利於尿和尿素的排出。常用的藥湯浴爲：復方蛇床子散和濕癢湯，適用於膀胱腫瘤放療後併發放射性陰道炎，外陰炎及放射性皮膚損傷，皮膚纖維化病人。此外，森林浴、冷熱水浴也較常用，浴後都有利於疾病康復。

4. 物理療養方法

膀胱腫瘤手術後合併泌尿系感染及放射治療併發纖維化，攣縮性膀胱炎以及膀胱腫瘤單純切除後併發尿瀦留的人，都可應用動、靜磁療法進行康復治療，可用磁片直接貼於病變相應的穴位，同時也可在病變以外穴位進行動磁療法。如泌尿系感染的病人，常有尿頻，尿急、尿痛症狀，進行磁療時，用磁片貼敷三陰交，膀胱穴、腎俞、關元穴，還可將磁片縫到內褲上。生物反饋療法常選用皮電、肌電生物反饋療法，對手術，放療後併發症的恢復也有較好作用。

5. 自我保健按摩療養方法

膀胱腫瘤康復階段常用的自我按摩療養方法有：擦腎俞、擦丹田、擦湧泉，和帶脈等，對改善血液循環，改善腎功能，有良好作用。同時指揉三陰交、膀胱俞、中極、關元穴，對其康復治療，也有一定的幫助。

6.針灸療養方法

(1)術後泌尿系感染，出現尿頻，尿急，尿痛者

體針療法：取膀胱俞、關元、中極、三陰交、血海穴，留針15～20分鐘，隔日一次，10次爲一療程。

耳針療法：取腎、膀胱、下腳端，外生殖器，腦點針刺或王不留行穴位貼壓。3～4天更換一次，4周爲一療程。

(2)放射治療後繼發膀胱纖維化及攣縮性膀胱者

體針療法：取氣海、陽陵泉、水道、膀胱俞、三陰交、關元穴、留針15～20分鐘，每日一次，10次爲一療程。

耳針療法：取膀胱、腎、皮質下、三焦穴，針刺強刺激或王不留行穴位貼壓，3～4天更換一次，6周爲一療程。

(3)膀胱腫瘤單純切除術後伴尿瀦留者

體針療法：取關元俞、陰谷、三焦俞、委陽、三陰交、水道穴，留針15～20分鐘，每日

1～2次，10次爲一療程。

耳針療法：取腎、腎上腺、膀胱、交感、神門穴埋針或王不留行穴位貼壓，3～4天更換一次，10次爲一療程。

7.**醫療按摩推拿療養方法**

膀胱腫瘤根治術後，放化療後，可採用下列按摩推拿方法：上腹橫摩法，按腹中法，揉按足三里法，臍周團摩法等。

未行根治術者，腹部忌用按摩法，可點按腎俞、膀胱俞、三陰交等。

8.**氣功保健康復療養方法**

膀胱腫瘤術後，多選用站樁，內養功、六字訣（以「吹」字功爲主），十二段錦等功法，若體力較好，手術切口恢復，可加練新氣功，自控功，太極拳，智能功等。

四、晚期膀胱癌病人如何療養

1.**晚期膀胱癌的治療**

對於晚期膀胱癌不適合手術切除者，中醫藥治療常可作爲首選方法，用白蛇六味丸，八正散加減。無法手術切除的局部浸潤性晚期腫瘤，也可採用放射治療以緩解疼痛，延長生存期。對於無法手術且已有遠處轉移的晚期病人，可試用全身化療和膀胱灌注，常用阿霉素，5～氟脲嘧啶，順氯氨鉑，環磷酰胺等。

2.晚期膀胱癌病人的飲食調養　晚期膀胱癌病人消瘦、虛弱，且多有排尿困難，在飲食選擇方面應以高熱量，高蛋白爲原則，可食薏米粥，冬瓜湯，鮮鮑魚湯等。

五、調養護理注意事項

1.膀胱腫瘤病人練功注意事項　膀胱腫瘤病人要根據自己的情況，選擇本人適合的功法。術後不必過早練習增加腹壓的功法，練功時預防感冒，不宜過勞。

2.膀胱腫瘤病人飲食禁忌　應忌食辣椒、生葱、生蒜、忌煙酒。

3.膀胱腫瘤病人危象　膀胱腫瘤的病人見有溺血，應速到醫院急診。

4.膀胱腫瘤複查時間　行根治手術後，一般3～6個月複查一次，遇有特殊情況，隨時複查。

5.膀胱腫瘤手術後護理注意事項　病人如作輸尿管移植於皮膚外時，應注意保護皮膚，可塗氧化鋅軟膏，並保持病床的清潔及乾燥，協助病人翻身，囑病人多飲水，對保留尿管者，尿瓶每周滅菌一次及用一比一千新潔爾滅消毒尿口，每日2次，以防逆行感染。

第十二節　白血病病人自家療養須知

一、白血病病人如何選擇治療方法

白血病有急性、慢性之分。但是，目前急、慢性白血病均選以化療為主的綜合療法，同時伍用中草藥。急、慢性白血病脾臟及淋巴結顯著增大者，可選放射治療。

二、白血病化學、放射治療時如何配合調養

1. **化療時用藥及飲食調理**　化療時應以扶正培本為主，可用溫腎壯陽丸和托里扶正丸。飲食調理以高蛋白、多維生素為主，如牛奶、雞蛋、鵝血、蘑菇、猴頭、大棗、蓮藕、菠

菜、蘋果、柑子、飴糖等。

2. 放療時用藥及飲食調理　放療時應以滋陰補腎爲主，可用滋陰丸、滋陰補腎丸。飲食調理以滋潤適口，營養豐富爲好，如山藥粉、杏仁霜、鯽魚、黃鱔、蓮藕、黑芝麻、蘇子、桑椹、香蕉、白梨等。

三、白血病病人化學治療後療養方法

(一)白血病化學治療後的合併症及後遺症

白血病化療後，因化學藥物毒性較大，降低機體免疫功能，多合併感染、出血、貧血、口腔潰瘍、脫髮及骨髓抑制現象；女病人化療後多併發月經不調等。

(二)療養方法

1. 心理療養方法

因大多數病人對本病了解不多，一聽說白血病，就認爲是血癌，沒有治療方法，病人思想負擔很重，情緒抑鬱，呈無欲狀，家屬及醫務人員應幫助病人消除悲觀情緒，介紹治療效果，讓其樹立戰勝疾病的信心，積極治療。

白血病多有發熱、出血等症狀，病人心理十分恐懼，精神不振，醫護人員應多理解病人及家屬，幫助病人保持良好的心理狀態，極積治療，使病情及時得以控制。

2.藥膳自家療養方法

(1)化療時常用藥膳爲：

a．雞血藤煲雞蛋

原料：雞血藤30克、鮮雞2個，白糖適量。

製法：將雞血藤和雞蛋放入鍋內，加清水兩碗同煲，蛋熟後去殼去藤再煮片刻，煲煮至水1碗時，加白糖調味，即可食用。

服法：每日一次，吃蛋喝湯。連服10天爲一療程。

b．胎盤燉蘑菇

原料：鮮人胎盤1具、蘑菇100克，葱、薑、細鹽少許。

製法：將胎盤放入清水中漂洗乾淨，切成條塊狀和經過洗淨切碎的蘑菇同入鍋中，加水適量，放入葱、薑、鹽後，文火燉煮熟後服食。

服法：分2～4次食完1劑，早晚各1次。1個月爲一療程。

(2)白血病放療常用藥膳爲大蒜汁：

原料：大蒜15～30克，白糖適量。

製法：將大蒜去皮搗爛，用開水浸泡4～5小時用潔淨的紗布包牢絞取汁液，去渣，連同泡在一起，加入白糖少許調勻，即可飲用。

(3)晚期白血病常用藥膳

a·蟾蜍雄黃丸

原料：蟾蜍、雄黃、麵粉各適量。

製法：將活蟾蜍入沸水中燙死，去內臟雜物，烤酥，研爲細末，過篩成極細粉，和麵粉加水適量調勻，揑成黃豆大的藥丸。麵粉與蟾蜍末的比例爲3：1。每100克用雄黃0.25克爲衣。

服法：成人每次5～7克，每日三次，飯後溫開水送服。

b·蘆根薏米綠豆湯

原料：蘆根30克，薏苡仁30克，綠豆30克，白糖適量。

製法：把蘆根洗淨，用水煎30分鐘，棄去蘆根，澄清湯汁。洗淨薏苡仁，綠豆，用蘆根湯汁文火煮爛，加糖適量，即可食用。

服去：喝湯吃薏苡米及綠豆。

3. 礦泉、浴療療養方法

礦泉療法主要以飲用和浴用二種方法爲主，常飲用含鐵的礦泉，如碳酸鐵，硫酸鐵礦泉，對貧血有一定的作用，也可飲用碳酸鐵和硫酸銅礦泉並用，比單獨飲用鐵泉效果更佳。它能刺激激造血機能，促進血細胞新生的作用。

礦泉浴採用氡泉和硫化氫泉進行浴療，對白血病化療後併發月經不調（女性）或感染的病人有改善症狀作用，可提高機體的免疫功能，增強機體抵抗能力。

其它浴療多採用日光浴、森林浴，使白血病患者吸收更多的紫外線和新鮮空氣，更有利於疾病的恢復。

4. 物理療養方法

白血病化療後併發感染、骨髓抑制、脫髮、胃腸功能紊亂的病人，可應用靜磁法，可將磁片貼在病變局部有關的穴位，或將磁片縫在內衣，內褲上進行磁療，對病者康復有良好作用。對於經過化療、放療後，無高熱及大量出血傾向者，白細胞高於4.0×10^9/L，才可應用磁療及生物反饋療法，且應用時要愼重。

生物反饋療法在白血病中應用，主要用於白血病經過化學藥物或骨髓移植術後，病情已緩解、穩定，血象及骨髓象恢復正常，伴頭痛、失眠健忘及心動過速者，可採用心電生物反饋，腦電生物反饋治療。

5.自我保健按摩療養方法

白血病常用的康復保健自我按摩法有：耳功、口腔功、梳頭功、撫胸、擦丹田等，對預防感冒，改善放、化療後併發症有一定作用。

6.針灸療養方法

體針療法：取足三里、曲池、肝俞，血愁穴，留針20～30分鐘，隔日一次。10次爲一個療程。

耳針療法：取神門、熱點、口、腎穴，埋針或王不留行穴位貼壓，每3～4天更換一次，7次爲一療程。

7.醫療按摩推拿療養方法

白血病患者愼用按摩推拿療法。如白細胞，血小板較低伴發熱，出血傾向及感染時禁用。如本病經治療後已達完全緩解的病人，可應用揉合谷法，按天樞法，點按內、外關法，點按足三里、血海法。

8.氣功保健康復療養方法

急性白血病緩解期可練二十四節氣坐功、十二段錦、太極拳、內養功。慢性白血病病人可練新氣功，自控功、六字訣、智能功等。

四、晚期白血病病人如何療養

1.**晚期白血病的治療**　晚期白血病除上述治療方法之外，可加用單偏驗方。白血病常用單偏驗方有：

(1)豬脾臟烘乾研粉加野百合粉等量混勻，每日2次，每次3克。

(2)黛蛤散20克，分2次，沖服。

(3)當歸蘆薈丸，每日2次，每次6克。

飲食調養除上述食品之外，可加用香菇、元魚、海參、胎盤、穿山甲、哈什蟆油、桂圓肉、石榴等。

2.**白血病病人發燒處理**　白血病病人感染發燒時，可用抗菌素及磺胺類藥治療；同時可合用牛黃清熱散、犀黃丸、降火丸等藥；應多吃西瓜、香蕉、白梨等。

3.**白血病出血的處理**　白血病病人咯血時，可用小薊茱與白芨煎湯內服；嘔血時，可用錫類散與阿膠熔化內服；便血時，可用仙鶴草與地榆炭煎湯內服；尿血時，可用小薊茱與鮮茅根煎湯內服；急救時，可用骨膠、三七粉或雲南白藥沖服。應多吃鮮藕、大棗、花生、木耳、桑椹、白梨等食品。

4.**白血病月經失調的處理**　月經提前、量多者，可用膠艾四物湯加三七粉沖服；月經錯後、量少者，可用八珍益母丸加益母膏治療。多吃核桃、烏梅、胎盤、靈芝、枸杞果等。

5.**白血病口腔潰爛的處理**　白血病病人口腔潰瘍可外塗龍膽紫藥水或錫類散，內服滋陰補腎丸或養陰清肺膏。多吃獼猴桃、黑芝麻、桑椹、蓮藕、菱角、山藥、西瓜、白梨等。

五、調養護理注意事項

1.**白血病病人練功注意事項**　急性白血病病人緩解期可練坐功、太極拳，不宜運動過猛。慢性白血病病人可練十二段錦和新氣功，練功時不宜過勞。

2.**白血病病人飲食禁忌**　白血病病人禁用菸、酒和辛辣刺激飲食，少吃生冷難消化食品，如生葱、韭菜、扁豆、白薯等。

3.**白血病危象**　白血病病人出現高燒不退，出血不止，肝脾迅速劇增，應速請醫生處理。

4. **白血病複查時間**　急性白血病病情緩解後2～4周複查一次。慢性白血病緩解後4～8周複查一次。

第十三節　惡性淋巴瘤病人自家療養須知

一、惡性淋巴瘤病人如何選擇治療方法

惡性淋巴瘤根據組織學特點，可分爲何杰金（Hodgkin）氏淋巴瘤（HL）和非何杰金氏淋巴瘤（NHL）。放療、化療和中醫中藥是治療惡性淋巴瘤的主要手段。

1. 對於病變惡性程度較低又比較早期的病例，放射治療伍用中藥可取得根治性效果。

2. 已有全身擴散傾向或晚期病例，應以藥物治療爲主。非何杰金氏淋巴瘤的擴散常有「跳站」現象，較易侵犯遠處淋巴結或結外器官，因此，大多需要全身性藥物治療。化療一般都主張給予多療程的聯合化療。對於原有巨大腫塊（直徑大於5公分）的病人，則需化療後補加照射和服中藥。

二、惡性淋巴瘤放射、化學治療時如何配合調養

1. 放療時用藥和飲食調養

(1)放療時常用中藥化瘀丸，能增加放療敏感性，提高治療效果。同時服用滋陰解毒湯劑以減輕放療副反應。生血片，雞血藤片，鯊肝醇片可補氣養血，防止骨髓抑制。

(2)放療時的飲食調理：放療期間，病人多有口乾、食欲減退等現象，應以清淡、富有營養的低鹽高蛋白飲食爲原則，可食胡蘿蔔、新鮮蔬菜及新鮮水果等富含維生素的食物。

2. 化療時的用藥和飲食調理

(1)化療時用藥：化療期間，病人有胃腸道副反應和骨髓抑制，可服用降逆止嘔，補腎填髓的中藥湯劑，如旋復代赭湯，桔皮竹茹湯加減，六味地黃丸，菟絲子丸加減等，同時服用維生素等藥物。

(2)化療時的飲食調理：化療期間，病人不思飲食，食欲極差，應以大補氣血爲主，多食鷹兔、鮮鯉魚、白木耳、香菇、白梨等。

三、惡性淋巴瘤放射、化學治療後的療養方法

㈠惡性淋巴瘤放、化療後的合併症及後遺症

1. 放療後的併發症常有：放射性皮膚損傷；放射性脊髓炎；射性肺反應及放射性肺炎；放射性心包炎。

2. 化療後多併發骨髓抑制，胃腸道反應，口腔潰瘍、脫髮、高尿酸血症致腎功能損害、發熱、感染等。

3. 放、化療後有少部分病人併發絕育，第二惡性腫瘤和白血病的發生。

㈡療養方法

1. 心理療養方法

⑴放射治療後常出現唾液腺分泌抑制，咽部粘膜充血水腫，出現咽痛口乾，吞咽困難，進食受影響，病人常有悲觀失望感，脾氣暴燥，家屬及醫務人員應向病人解釋治療的必要性和重要性，患者應多飲水，多次用生理鹽水漱口，可行醫療體操、散步、氣功等活動，提高機體免疫功能，消除不良心理因素，樹立戰勝疾病的信心。

(2)惡性淋巴瘤屬於全身性疾病的局部表現，放射治療量大，放、化療次數多，並有繼發第二惡性腫瘤及白血病的可能，對於年輕的患者，長期治療，可致絕育等。病人常為預後擔憂，甚至拒絕治療，家屬及醫務人員應耐心解釋，避免病人產生不良的心理反應，而加重病情。

2.藥膳自家療養方法

(1)放療時以育陰清熱，補腎養肝之品為宜，常用藥膳為：

a．枸杞松子肉糜

原料：肉糜100～150克，枸杞子100克，松子100克。

製法：將肉糜加入黃酒、鹽、調料，在鍋中炒至半熟時，加入枸杞子、松子，再同炒，炒熟即可服用。

服法：每日一次，當副食服之。

b．羊骨粥

原料：羊骨一千克，粳米100克，細鹽少許，葱白二根，生薑3片。

製法：將鮮羊骨洗淨敲碎，加水煎湯，取湯代水，加粳米煮粥，待粥將成時，加入細鹽，生薑、葱白等調料，稍煮二、三沸，即可食用。

服法：每日1～2次，食用。

(2)化療時藥物劑量大，毒性反應重，骨髓抑制，同時可併發肝、腎功能損傷，藥膳以益氣養血，補骨生髓爲原則，常用的有：

a·豬腎茨菇湯

原料：光茨菇30克，豬腎及睪丸各1個，鹽、葱、薑、味精少許。

製法：將光茨菇浸二小時後，煎湯，濾過，再將豬腎、睪丸洗淨，去掉雜物，切成方塊狀，加入光茨菇濾液，一同煮後，加入鹽、葱、薑，文火煮熟，即可食用。

服法：喝湯吃豬腎、睪丸，每日當副食，也可常服。

b·人參蝦仁

原料：蝦仁200克，人參30克。

製法：用人參或白參，生曬參均可，煎少許水，備用。蝦仁浸黃酒，拌以澱粉、鹽、味精，入鍋炒。將熟時澆入人參鮮湯少許，再拌炒，起鍋後即可食用。

服法：每日或隔日一劑，服用。

3.礦泉、浴療療養方法

礦泉療法主要以飲用和浴用爲主。飲用礦泉療法對於胃、腸惡性淋巴瘤術後預防復發和

調整胃腸功能及頭頸部惡性淋巴瘤放療後的康復都有一定的作用。常飲用礦泉爲：碳酸泉及含有微量元素的礦泉，如鐵、銅、鋅、鍺等礦泉。

礦泉浴多用於惡性淋巴瘤放療後併發放射性皮膚損傷，皮膚纖維化，放射性肺炎，心包炎，化療後導致腎功能損傷，高尿酸血症等，浴療後都有一定的康復作用。常用礦泉浴爲：氡泉、硫化氫泉、碳酸泉等，有利於增加機體的免疫功能，改善血液成分，有消炎、鎮靜、止痛作用，並能增強腎臟的排泄功能等康復作用。

另外，可根據疾病的不同情況，選用日光浴、藥湯浴、空氣浴等。

4. 物理療養方法

惡性淋巴瘤放療後併發牙周炎，皮膚損傷、皮膚纖維化、心包炎、肺炎可應用磁療局部磁片貼敷法或病變以外的相應穴位進行動磁療法，同時也可配用生物皮電反饋，心電反饋療法等，對疾病的康復，會起到良好作用。

5. 自我保健按摩療養方法

惡性淋巴瘤常用自我按摩方法有：頸項功、口腔功、擦丹田、撫胸、搓腰眼，對放化療後，唾液分泌抑制，擴大肺活量，改善腎功能，提高機體的免疫功能有良好的作用，長期堅持自我按摩，常會收益。

6.針灸療養方法

惡性淋巴瘤的治療，一般採用大劑量的放、化療，毒副作用較大，相應的胃腸道反應，骨髓抑制的程度以及肝腎功能損傷都較深，針灸治療起到提高免疫機能的作用。

(1)骨髓抑制，全血細胞下降者

體針療法：取少海、大椎、吳元、肝兪、腎兪、腦、百會穴，以調理爲主，用平補平瀉針刺手法，留針15～20分鐘，隔日一次，10次爲一療程。

耳針療法：取心、肝、脾、神門、內分泌、三焦、血液點針刺，埋針或王不留行穴位貼壓，3～4天更換一次，4周爲一療程。

(2)放療後併發牙周炎、口腔潰瘍者

體針療法：取地倉、下關、頰東、廉泉、合谷、齦交穴，留針15～20分鐘，每日一次，10次爲一療程。

耳針療法：取神門、腎、口、咽喉、腎上腺，面頰區針刺或王不留行穴位貼壓，3～4天更換一次，4～6周爲一療程。

7.醫療按摩推拿療養方法

惡性淋巴瘤按摩推拿手法要輕，一般以點按揉爲主，要根據不同的部位，採取相應的手法。常用方法有：揉按足三里法，脊背拿提法，按天樞法，按揉腎俞，肝俞法，按陽陵泉等方法。

8.氣功保健康復療養方法

惡性淋巴瘤手術或放、化療後，都應即早練功，以提高機體的免疫功能，預防復發，加快康復。

對於體質較好者，多選用五禽戲，練功十八法，太極拳等功法；體質較弱者，可練內養功、站樁、六字訣、新氣功、十二段錦等。

四、晚期惡性淋巴瘤病人如何療養

1.晚期淋巴瘤的治療

晚期淋巴瘤常以西醫化療和辯證論治中藥治療為主，如六味地黃丸，滋陰丸，化瘀丸等加減。

2.晚期淋巴瘤病人的飲食調理

晚期淋巴瘤病人形體消瘦，食欲不振，可食紅棗、阿膠、苡米粥、金線龜煲湯或雞肉煲湯，鮮鯽魚煲湯等。

五、調養護理注意事項

1.**惡性淋巴瘤病人練功注意事項**　惡性淋巴瘤病人康復期練功時，不宜過勞，因本病免疫功能較低，預防感冒，防止感染，發熱爲要。

2.**惡性淋巴瘤病人飲食禁忌**　少食生冷刺激及難以消化的食物，如牛肉、白薯、馬鈴薯、肥豬肉等，禁菸、酒。

3.**惡性淋巴瘤病人的危象**　若病人出現上肢浮腫，口唇紫紺，頸靜脈怒張，呼吸困難者，或劇烈腹痛，血壓下降，以及尿少，無尿者，都應考慮爲上腔靜脈壓迫綜合症，腸穿孔，腎功能衰竭，應及時急診搶救。

4.**惡性淋巴瘤複查時間**　惡性淋巴瘤治療緩解後，2～4周複查一次，若有不適者，應及時複查，病情平穩者可3～6月複查一次。

第十四節　多發性骨髓瘤病人自家療養須知

一、多發性骨髓瘤病人如何選擇治療方法

迄今爲止，化學治療是本病最常用也是最基本的治療方法。晚期的骨髓瘤中，化療完全緩解者少見。局部症狀嚴重或單發性骨髓瘤也採用放射治療，骨髓移植。干擾素的輔助和單克隆抗體的試用也是方法之一。中醫藥在各種療法中取長補短，補攻兼施，相互伍用，中西醫結合效果滿意。

二、多發性骨髓瘤病人化學治療時如何配合調養

1.化療時的用藥

對骨髓瘤有效的藥物有環磷酰胺（CTX）、阿霉素（ADM）、順氯氨鉑（DDP）等。中藥以活血化瘀，解毒利濕，補腎壯骨為主，如壯骨丸、化瘀丸加減等。

2.化療時的飲食調理

化療期間以易消化，高營養的可口食物為原則，可食豬肝，白扁豆、冰糖、鮮牡蠣、枸杞子、胡蘿蔔、人參、當歸身等。

三、多發性骨髓瘤化學、放射治療後療養方法

㈠多發性骨髓瘤放、化療後的合併症及後遺症

常見的併發症有：感染、病理性骨折、高鈣血症、高尿酸血症、腎功能損傷、血粘滯度過高、貧血、澱粉樣變、截癱及下肢麻木、大小便失禁、褥瘡、放化療後骨髓抑制、胃腸道

反應等。

㈡療養方法

1.心理療養方法

多發性骨髓瘤大多侵犯骨質，病人疼痛難忍，活動受限，致情緒低落，意志消沉，內心十分恐懼。家屬及醫務人員應關心，體貼患者，幫助其解決實際困難，讓其樹立戰勝疾病的信心和決心，克服一些可能克服的困難，保持良好的心理狀態，有利於早日康復。

2.藥膳自家療養方法

⑴多發性骨髓瘤放療時，可服補益氣血，滋陰養液之品，常用藥膳爲龍眼豬骨燉烏龜：

原料：龍眼肉50克，豬脊骨（帶肉連髓）250～500克，烏龜1隻（約500克），鹽少許。

製法：將龍眼肉洗淨，豬骨剁碎，烏龜殺死去內臟，切塊，一起放入鍋內，加水適量久燉，熟透後加入少量細鹽調味食用。

服法：佐餐飲之，喝湯吃肉，龍眼肉。

⑵多發性骨髓瘤化療時多服用健脾和胃，補養肝腎之品，常用藥膳爲：

a・白鴿紅棗飯

原料：肥大乳鴿一隻，粳米200克，紅棗10枚，冬菇三朵，薑、酒、糖、酒適量。

製法：乳鴿去毛和內臟，洗淨切成小塊，加薑、酒、糖、油拌勻。紅棗淨去核，冬菇泡軟後切成絲，粳米淘淨後用火燒待熟時，在其表面鋪上鴿肉、紅棗、冬菇絲，再用文火燜20分鐘，即可食用。

服法：每日按正餐服食。

b．豬腎車前粥

原料：豬腎一只，車前子30～40克，大米50～100克。

製法：將車前子裝入紗布袋內，加水三碗煎半小時，取其汁，與去膜切碎的豬腎，大米同煮粥食用。

服法：每日或隔日早晚餐時溫熱服食。

3.礦泉、浴療療養方法

多發性骨髓瘤礦泉法主要以飲用，浴用二種方法爲主，常飲用的礦泉爲：含磷礦泉，有利於結合體內的鈣，以減輕高鈣血症現象。

對於多發性骨髓瘤骨骼疼痛，腎功能低下者，可採用氡泉、氯化鈉及硫化氫泉進行浴療，能減輕疼痛，鎮靜安神並有增加腎排泄尿素物質，提高腎功能作用。此外，還可用活血止痛，舒筋活絡藥湯浴進行浴療，如五寶滑玉液，化瘀逍遙湯等。其它浴療還可用日光浴、森林浴、熱水浴等，對其康復也有良好的作用。

4. 物理療養方法

磁療在多發性骨髓瘤病康復方面應用較廣泛，多採用動靜磁療混合應用，靜磁磁片貼敷法在骨骼疼痛，褥瘡，下肢麻木等局部穴位進行磁療或間接磁療，穿縫有磁片的衣服，睡帶、磁枕等，對其恢復有良好作用。如患者出現截癱可在有關穴位，如足三里、委中、殷門等穴進行動磁療法，同時配用肌電生物反饋療法，對其康復也能促進作用。

5. 自我保健按摩療養方法

多發性骨髓瘤常用的康復自我按摩方法有揉肩、擦腎俞、丹田、搓腰眼等，可培育元氣，調和氣血，疏通經絡，止痛散結作用，並能提高機體的免疫功能及抗病能力，對其康復有一定的積極作用。

6. 針灸療養方法

(1)多發性骨髓瘤骨骼疼痛、下肢麻木及截癱者

體針療法：取環跳、命門、委中、八髎、足三里、承扶、陽陵泉等穴，留針15～30分鐘，每日一次。如合併大小便失禁者，可加天樞，關元、中極、長強、大腸俞、膀胱俞、腎俞、三焦俞等。

耳針療法：取肝、腎、腦、脊柱、脾、內分泌、神門、皮質下穴埋針或王不留行穴位貼壓，3～4天更換一次，4～6周爲一療程。

(2)多發性骨髓瘤併發褥瘡者

體針療法：取合谷、陰陵泉、血海、委中、曲池、足三里，針刺用補法，留針20～30分鐘，隔日一次，10次爲一療程。

耳針療法：取神門、下屏尖、腦、枕、內分泌、三焦穴埋針或王不留行穴位貼壓，3～4天更換一次，4～6周爲一療程。

7.醫療按摩推拿療養方法

多發性骨髓瘤病人，爲了防止骨折的發生，根據病情，按摩推拿均應愼重應用。一般多用揉按及點按法，常用揉按足三里法，指分腰法，按天樞法，揉委中法，點按腎俞、肝俞、膈俞法。

8.氣功保健療養方法

多發性骨髓瘤氣功康復療法在康復中十分重要，練功可根據身體情況進行功法的選擇。體質較好者，選用新氣功、六字訣、智能功、自控功、太極拳；體質較弱者，選練二十四節氣坐功、十二段錦、站樁等功法。

四、晚期多發性骨髓瘤病人如何療養

1. 晚期多發性骨髓瘤的治療

晚期多發性骨髓瘤疼痛難忍者，可用放療以緩解疼痛。補腎健腦，化瘀散結的中藥是治療晚期多發性骨髓瘤的主要手段，常用的三骨湯、金匱腎氣丸、菟絲子丸、抗癌靈等。

2. 晚期多發性骨髓瘤病人的飲食調養

晚期多發性骨髓瘤病人多伴有高鈣血症，在飲食調理方面應多食含鈣低、含磷的食品，如枸杞果、蘋果、鴿肉、鵝肉等。

五、調養護理注意事項

1. 骨髓瘤病人練功注意事項　骨髓瘤練功時要有家屬陪同，練功時不宜運動過度，以預防病理骨折的發生。注意增減衣服，避免感冒。

2. 骨髓瘤病人飲食禁忌　忌用菸、酒及刺激性飲食，如辣椒，生葱、生蒜等，少食含鈣量過高的食物，少進含鹽食品，以保護腎臟。

3.骨髓瘤病人危象　骨髓瘤病人一旦出現少尿或無尿、咯血、嘔血、便血，骨骼疼痛劇烈難忍者，應速去醫院急診。

4.骨髓瘤複查時間　多發性骨髓瘤放、化療後，一般1～3月複查一次，情況較好者可半年複查一次，如有不適，應及時複查。

第十五節　腦腫瘤病人自家療養須知

一、腦腫瘤病人如何選擇治療方法

腦腫瘤也稱顱內腫瘤，是腦實質及其鄰近組織許多良性與惡性、原發與繼發的幾十種腦疾患的總稱。根據不同腫瘤，可選擇手術、放療、化療、免疫治療以及中草藥等綜合治療方法。

1. **手術治療**　無論良性、惡性腦腫瘤早期比較局限且生長部位可以手術者，應首選外科手術治療。術後配合中藥治療。

2. **放射治療**　腦腫瘤凡是對射線比較敏感者，均可放射治療同時伍用中藥草。

3. **化學治療**　腦腫瘤失去手術機會或行姑息手術、姑息放療時，惡性者可配合化療，同時伍用中草藥或免疫療法。

二、腦腫瘤手術、放射、化學治療時如何配合調養

1.腦腫瘤手術後用藥及飲食調理　腦腫瘤手術後應化瘀利濕，可用化瘀丸、白蛇六味丸。飲食調理以芳香化濁食品爲好，如苡米粥、山藥粉、杏仁霜、小茴香、冬瓜、西瓜、香蕉、靈芝等。

2.腦腫瘤放療時用藥及飲食調理　腦腫瘤放療時應滋陰補腦，可用滋陰丸和首烏健身片。飲食調理以營養豐富爽口爲宜，如牛奶、鵝肉、鯽魚、小茴香、茭白、芹菜、荸薺、柑、桔等。

3.腦腫瘤化療時用藥及飲食調理　腦腫瘤化療時應健脾清心，可用刺五加和冠心蘇合丸。飲食調理以高蛋白、高維生素爲主，如雞蛋、牛肉、元魚、鯉魚、苡米粥、花生、香菜、白菜、菠菜、小茴香、茶葉、香蕉、大棗、桃、杏等。

三、腦腫瘤手術、放射、化學治療後療養方法

㈠腦腫瘤手術、放化療後的合併症和後遺症

1.腦腫瘤手術後常出現的合併症有：瘢痕攣縮產生壓迫症狀、或術後遺留的腦神經症狀如顏面神經麻痹、肢體的知覺或運動障礙、內分泌失調等。

2.腦腫瘤放射治療後顱腦損傷、腦萎縮、脫髮等。

3.腦腫瘤化療後骨髓抑制、消化道反應。

4.晚期病人常併發噁心、嘔吐、頭痛等腦壓增高徵象和腦性癱瘓，以及難以恢復的神經、精神等大腦功能。

㈡療養方法

1.心理療養方法

對於病人手術、放化療之後，出現的不良反應，新的症狀，如頭痛、嘔吐、脫髮和行走不便等現象。不少病人認爲「愈治愈重」，而失掉信心。此時，醫護人員應主動向病人說明本治療方式常引起暫時性副作用，要咬緊牙關，忍耐一時，堅持治療，進行到底，爭取一個完整療程，達到預期目的，使醫護合作，繼續治療下去，爭取早日康復。

爲了讓病人心平氣和，精神穩定配合治療，經常向家屬說明爲了使病人得到較好效果，請不要向病人介紹其家中或機關的瑣事，干擾安心治療的思緒。影響其預後的功能和智力。

2.藥膳自家療養方法

(1)腦腫瘤手術後藥膳應以芳香化濁爲主。常選用藥膳爲：枸杞松子肉糜、核桃人參羹、核桃枝煮雞等。

a．枸杞松子肉糜

原料：枸杞子100克、松子100克、肉糜100～150克。

製法：先將肉糜、黃酒、鹽、調料在鍋內炒至半熟時，加入枸杞子、松子同炒至適度即可。

b．核桃人參羹

原料：核桃仁3個、生曬參3克、人奶15CC、生薑3片。

製法：先將核桃仁、人參、生薑放在一起搗爛後，同人奶放入碗中，再將此碗置於蒸鍋內，隔水蒸熟成羹。

服法：隔日一次，食之。

(2)腦腫瘤放療後應選擇滋陰補腦，營養爽口的藥膳，常配用藥膳爲：雙花蓮子羹、石斛生地飲、五汁飲、黃精玉竹飲。

a．**五汁飲**

原料：西瓜汁或哈蜜瓜汁，生梨、橘子取汁，半夏20克，陳皮10克。

製法：半夏、陳皮煎湯，湯液與西瓜汁、梨汁、橘汁相混，作飲料用。亦可放入冰箱，作冷飲。

服法：每日做飲料服之。

b．**黃精玉竹飲**

原料：黃精100克、玉竹100克。

製法：黃精、玉竹共煎湯，待冷，加入白糖軟之。

服法：每日代茶飲。

(3)腦腫瘤化療後的藥膳調理，應選用清心脾，清爽營養爲主。常配用藥膳爲：鮑魚地黃粥、薏米花粉粥、蟲草鯉魚湯等。

a．**鮑魚地黃粥**

原料：鮮鮑魚100克、鮮生地黃100克。

製法：先將鮑魚煮熟，再加入生地黃煮60分鐘，即可服用。

服法：每日一劑，喝粥吃鮑魚。

b・蟲草鯉魚湯

原料：冬蟲夏草3克、鮮鯉魚300克。

製法：蟲草、鮮魚清水共煮90分鐘，剩湯六千CC左右，即可服之。

服法：吃藥喝湯，每日一劑。

3.礦泉、浴療療養方法

腦腫瘤礦泉康復療養方法主要以飲用與浴療兩種方法，其中以浴療為主，常用浴療礦泉有：含硫的礦泉浴，如硫化氫泉、氡泉、氯化鈉泉、重碳酸鈉泉等。此類礦泉對神經損傷再生，組織細胞復活，促進脂肪正常代謝，以及通過垂體——腎上腺抑制過剩的結締組織增殖作用，對腦神經損傷有恢復功能之效。多用於腦腫瘤手術後神經麻痹及放療後腦萎縮。放療後繼發功能低下衰弱者可用泥沙浴、森林浴效果較好，都有促進腦神經功能康復的目的。

4.物理療養方法

腦腫瘤手術後引起局部水腫、滲出壓迫症狀者，可用動磁療法促其吸收；損傷面神經、動腦神經者多用靜磁療使其修復。放療後導致腦萎縮、神經麻痹，運動失調者常用生物反饋療法。由於腦組織損傷致成神經、精神反應遲鈍者，可應用磁枕、磁表鏈等方法，促進神經功能的恢復。

5.自我保健按摩療養方法

腦腫瘤手術後引起的頭痛、記憶力減退者，可用梳頭法（乾梳頭）；頭暈、目眩者可應用眼功法；顏面神經痳痹者可用乾洗臉法；二便失調者，可應用擦丹田。放療引起腦萎縮者可用揉百會、搓湧泉法。

6.針灸療養方法

(1)腦腫瘤手術後引起顏面神經痳痹者

體針療法：取太陽、頰車、下關、顴髎、魚腰、百會、合谷、環跳等穴。留針15～30分鐘，隔日一次，10日爲一個療程。

耳針療法：取面頰區、神門、腦、皮質下、腎區，淺刺或埋針或王不留行穴位貼壓，3～4天更換一次，4周爲一療程。

(2)腦腫瘤放療後導致腦損傷、腦萎縮者

體針療法：取心俞、肝俞、腎俞、百會、懸顱、上星、通天等穴，留針15分鐘，隔日一次，20天爲一個療程。

7. **醫療按摩推拿療養方法**

腦腫瘤手術後癱瘓或肢體麻痹者，可應用按陰陵泉法，揉命門法，按氣冲法和推前臂三陰法。對放療所致的腦損傷者，可推脾經、大陽、外關、內關、關元、揉外勞宮、足三里和丹田，以溫補下元，固腎培本促進腦神經康復。對偏癱、截癱的病人多用華佗挾脊穴雙側旋按，同時用捏脊法上起大椎，下止長強穴反覆擦六次爲一小節，十小節爲一療程（隔日一小節）。一療程之後休息十天，再繼續治療。

8. **氣功保健康復療養方法**

腦良性腫瘤根治術者，可練八段錦、五禽戲。惡性腫瘤未能徹底切除者，常練二十四節氣坐功、太極拳。繼發腫瘤全身情況較弱者，應練內養功、智能功和新氣功。

四、晚期腦腫瘤病人如何療養

1. **綜合療法**　晚期腦腫瘤除上述療法之外，可用針灸療法、免疫療法以及單偏驗方，如金剪刀或安慶膏外敷及抗癌靈內服。

2. **飲食調理**　晚期腦腫瘤飲食調理除上述食品之外，可加用豬腦、猴腦及禽類腦等副

食，多吃綠豆、赤小豆、西瓜爲宜。

五、調養護理注意事項

1.**腦腫瘤病人練功注意事項**　良性腦腫瘤根治術後，病人可練十二段錦、五禽戲，但不宜用力過猛。惡性腦腫瘤未能根治者，可練站樁、太極拳，練功時間不宜過長。繼發性腦腫瘤病人可練坐功或太極拳。練功強度適可而止，不宜強求功法臻美。

2.**腦腫瘤病人飲食禁忌**　腦腫瘤病人忌用菸酒、生葱、生蒜、芥茉等辛辣之品，切忌進餐暴怒。

3.**腦腫瘤危象**　腦腫瘤病人出現頑固性頭痛、噴射性嘔吐、複視、暴盲或肢體失調、語言障礙等症狀，速去醫院急診。

4.**腦腫瘤複查時間**　腦腫瘤根治術後無明顯症狀者，可3～6個月複查一次。惡性腦腫瘤未得到根治，應1～3個月複查一次。複查時應有家屬陪同。

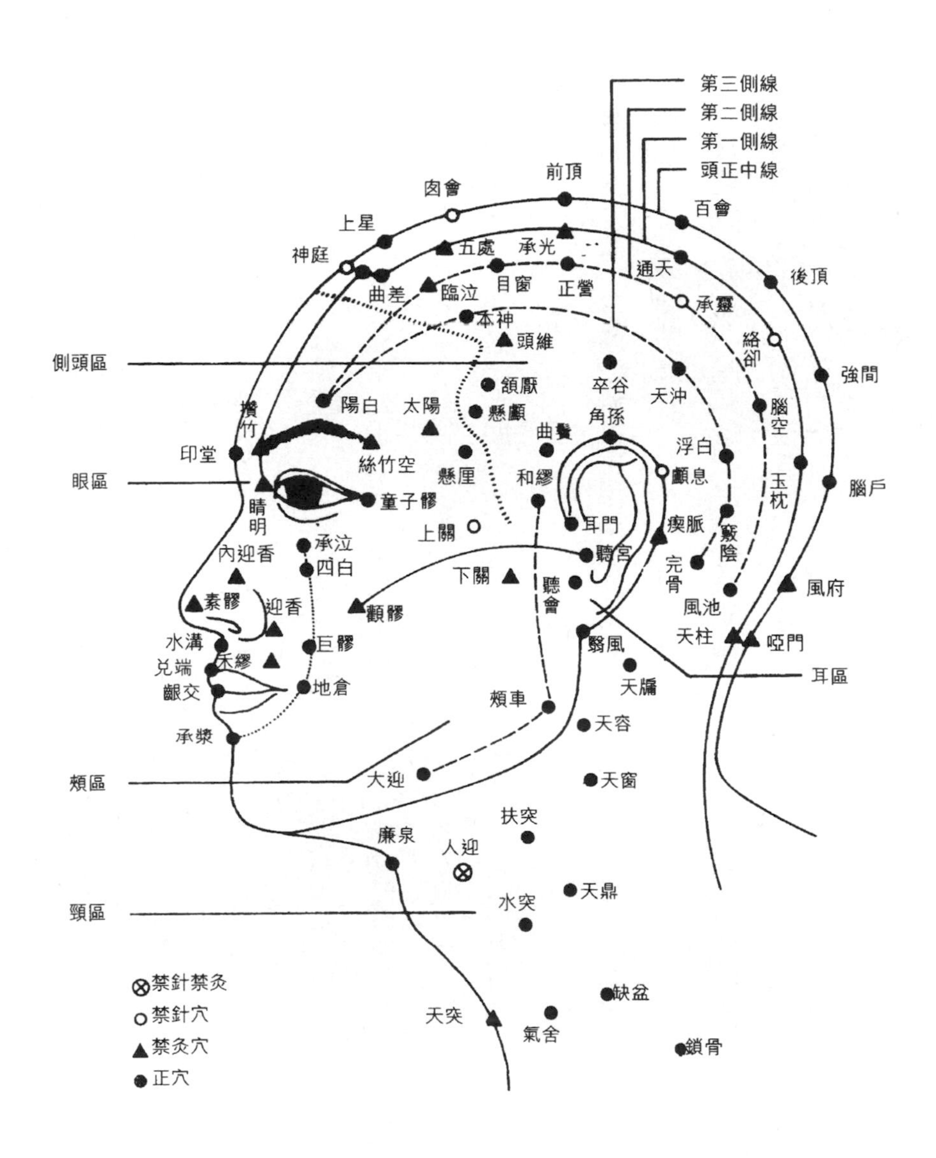
第三側線
第二側線
第一側線
頭正中線
前頂
囟會
百會
上星
五處
承光
神庭
通天
後頂
曲差
臨泣
目窗
正營
承靈
本神
頭維
絡卻
側頭區
卒谷
天沖
強間
頷厭
陽白
太陽
懸顱
腦空
攢竹
角孫
曲鬢
浮白
印堂
絲竹空
懸厘
和髎
顱息
玉枕
腦戶
眼區
睛明
童子髎
耳門
瘈脈
竅陰
上關
承泣
聽宮
完骨
內迎香
四白
下關
聽會
風府
素髎
迎香
顴髎
風池
天柱
啞門
水溝
巨髎
翳風
兌端
禾髎
耳區
齦交
地倉
天牖
頰車
天容
承漿
頰區
大迎
天窗
扶突
廉泉
人迎
天鼎
頸區
水突
禁針禁灸
禁針穴
禁灸穴
正穴
缺盆
天突
氣舍
鎖骨

附圖1　頭頸部穴位圖

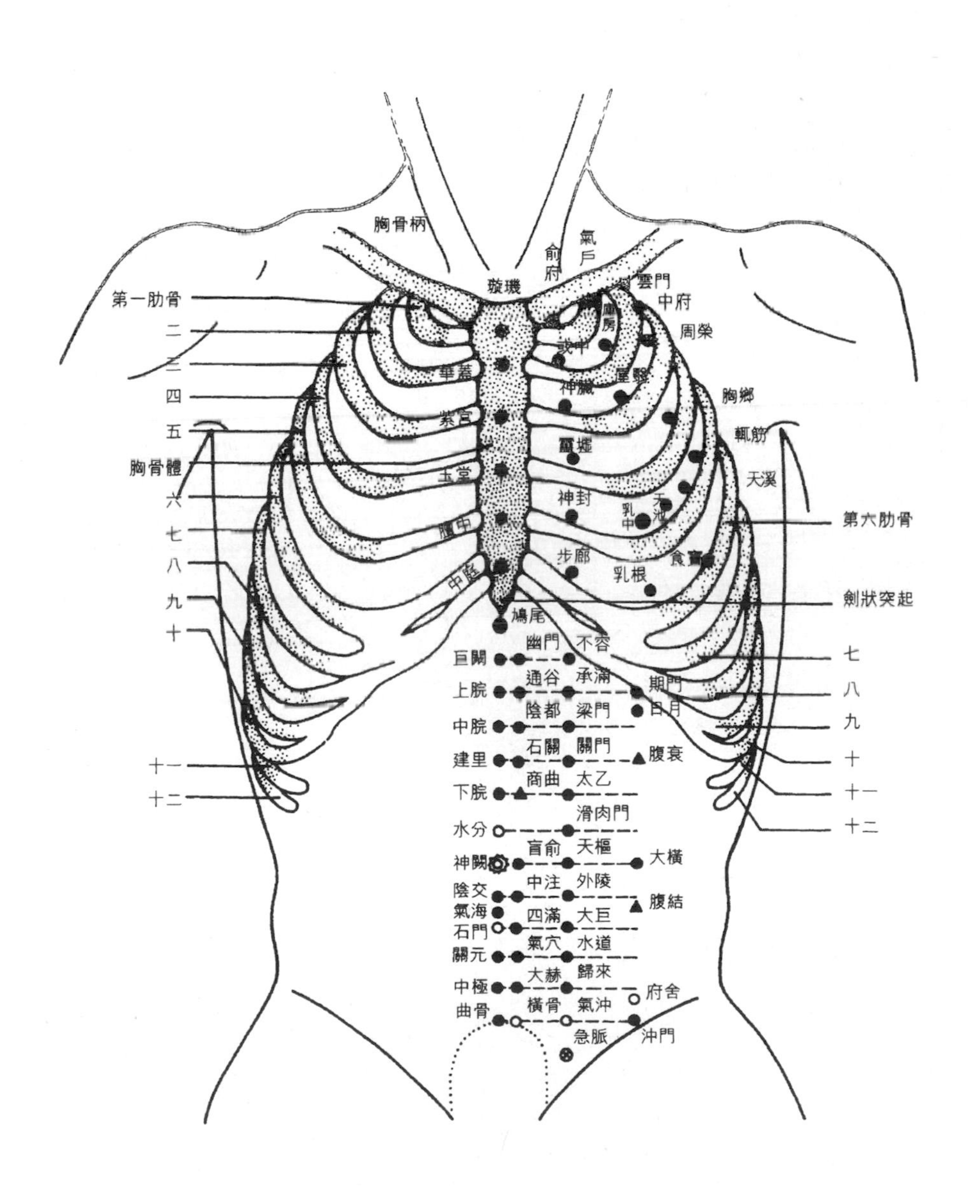
胸骨柄
氣戶
俞府
璇璣
雲門
中府
第一肋骨
二
三
四
五
胸骨體
六
七
八
九
十
十一
十二
庫房
彧中
周榮
華蓋
神藏
屋翳
胸鄉
紫宮
靈墟
輒筋
玉堂
天溪
神封
乳中
天池
第六肋骨
膻中
步廊
食竇
乳根
中庭
劍狀突起
鳩尾
幽門
不容
巨闕
七
通谷
承滿
上脘
期門
八
日月
陰都
梁門
中脘
九
石關
關門
建里
腹哀
十
商曲
太乙
下脘
十一
滑肉門
十二
水分
肓俞
天樞
神闕
大橫
中注
外陵
陰交
腹結
氣海
四滿
大巨
石門
氣穴
水道
關元
大赫
歸來
中極
府舍
橫骨
氣沖
曲骨
急脈
沖門

附圖2　胸腹正面穴位圖

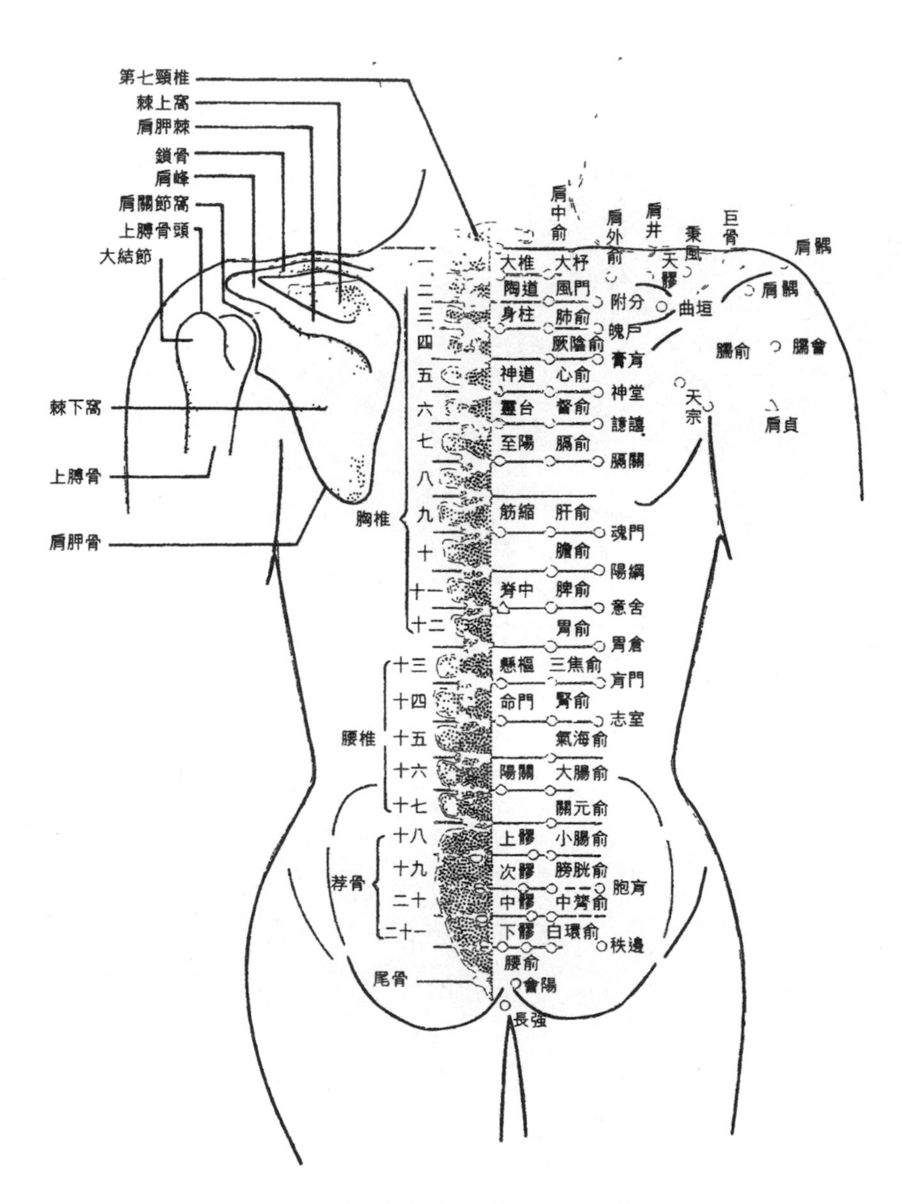
第七頸椎
棘上窩
肩胛棘
鎖骨
肩峰
肩關節窩
上膊骨頭
大結節
棘下窩
上膊骨
肩胛骨
胸椎
腰椎
荐骨
尾骨
肩中俞
肩外俞
肩井
秉風
巨骨
肩髃
天髎
曲垣
大椎
大杼
陶道
風門
附分
身柱
肺俞
魄戶
厥陰俞
膏肓
臑俞
臑會
神道
心俞
神堂
天宗
靈台
督俞
譩譆
肩貞
至陽
膈俞
膈關
筋縮
肝俞
魂門
膽俞
陽綱
脊中
脾俞
意舍
胃俞
胃倉
懸樞
三焦俞
肓門
命門
腎俞
志室
氣海俞
陽關
大腸俞
關元俞
上髎
小腸俞
次髎
膀胱俞
胞肓
中髎
中膂俞
下髎
白環俞
秩邊
腰俞
會陽
長強

附圖3　背部穴位圖

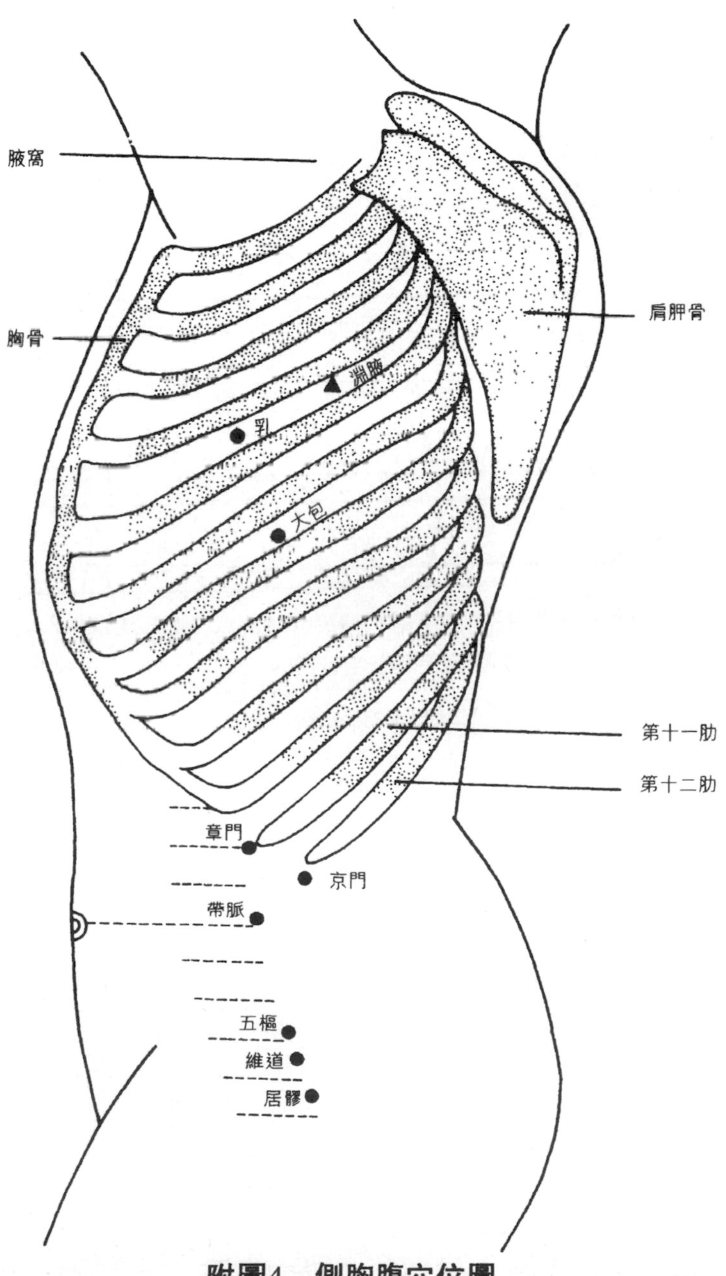

附圖4 側胸腹穴位圖

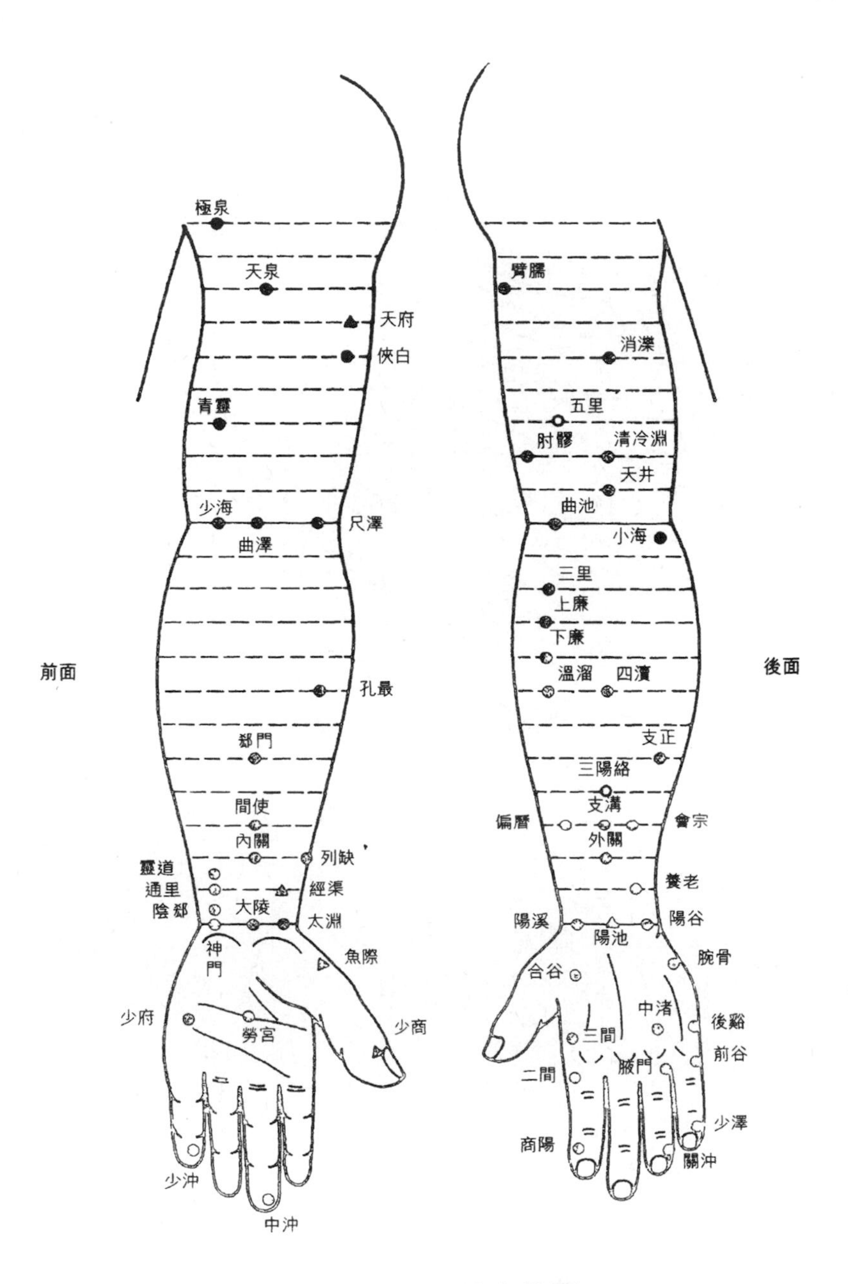
極泉
天泉
天府
俠白
青靈
少海
尺澤
曲澤
前面
孔最
郄門
間使
內關
列缺
靈道
通里
經渠
陰郄
大陵
太淵
神門
魚際
少府
勞宮
少商
少沖
中沖
臂臑
消濼
五里
肘髎
清冷淵
天井
曲池
小海
三里
上廉
下廉
溫溜
四瀆
後面
支正
三陽絡
支溝
偏歷
會宗
外關
養老
陽溪
陽池
陽谷
腕骨
合谷
中渚
後谿
三間
前谷
二間
腋門
少澤
商陽
關沖

附圖5　上肢穴位圖

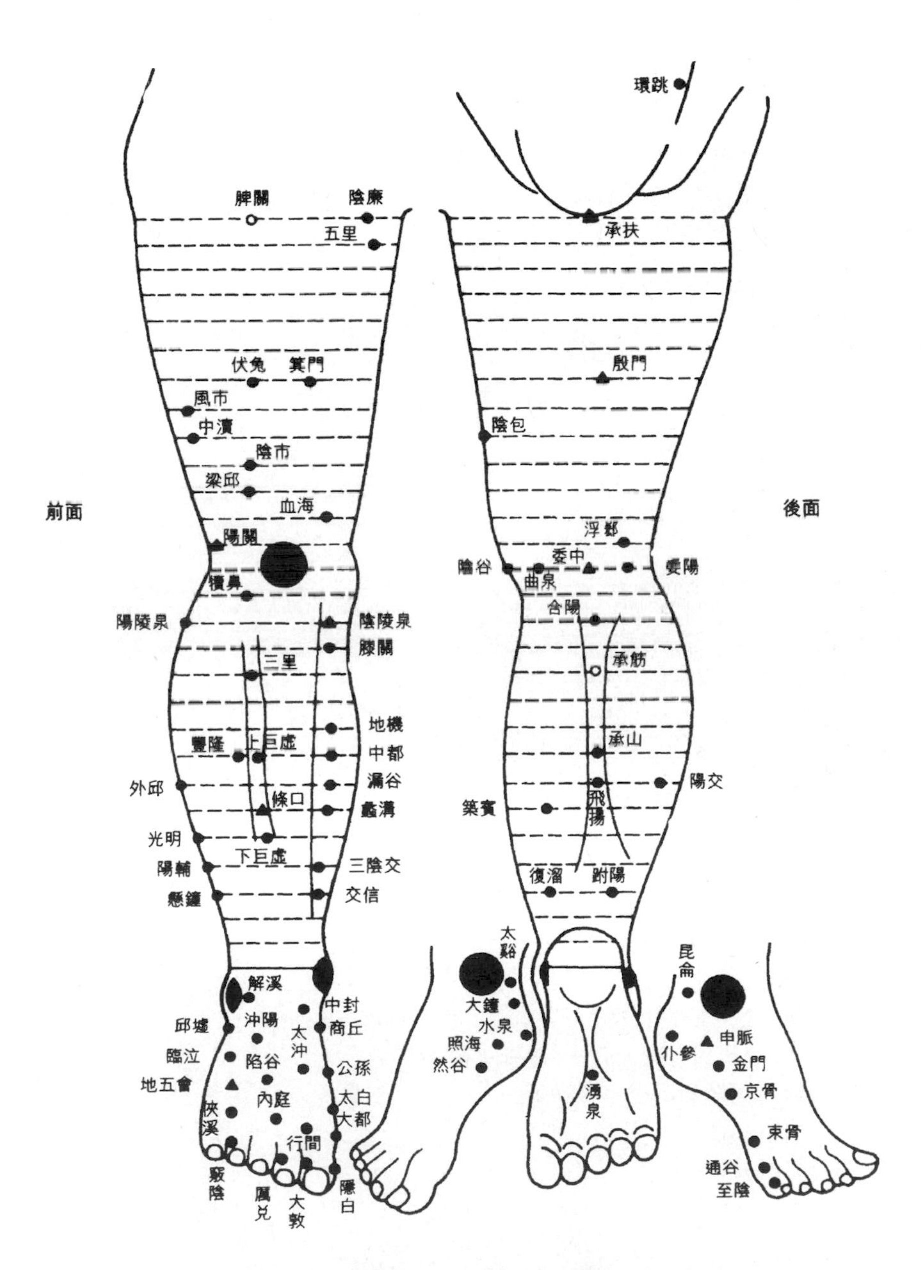
前面
後面
環跳
髀關
陰廉
五里
承扶
伏兔
箕門
殷門
風市
中瀆
陰包
陰市
梁邱
血海
浮郄
陽關
陰谷
委中
委陽
犢鼻
曲泉
合陽
陽陵泉
陰陵泉
膝關
三里
承筋
地機
豐隆
上巨虛
中都
承山
外邱
漏谷
陽交
條口
蠡溝
築賓
飛揚
光明
下巨虛
三陰交
陽輔
懸鐘
交信
復溜
跗陽
太谿
崑崙
解溪
中封
大鐘
沖陽
邱墟
商丘
水泉
申脈
太沖
臨泣
照海
仆參
陷谷
公孫
金門
然谷
地五會
太白
京骨
湧泉
內庭
俠溪
大都
束骨
行間
通谷
竅陰
隱白
至陰
厲兌
大敦

附圖6　下肢穴位圖

國家圖書館出版品預行編目(CIP)資料

治癌要自療：腫瘤病人的自家療養 / 李岩作 .--
第一版 . -- 臺北市：樂果文化 , 2013.02
冊； 公分 . --（治癌中醫 ; 6)
ISBN 978-986-5983-29-1(平裝).

1. 腫瘤 2. 中西醫整合

417.8 101026241

治癌中醫 06

治癌要自療—腫瘤病人的自家療養

作　　者 / 李岩
編　　者 / 王艷玲、李志剛
責任編輯 / 廖為民
行銷企畫 / 張雅婷
封面設計 / 上承文化有限公司
內頁設計 / 上承文化有限公司

出　　版 / 樂果文化事業有限公司
讀者服務專線 / （02）2795-3656
劃撥帳號 / 50118837 號 樂果文化事業有限公司
印 刷 廠 / 卡樂彩色製版印刷有限公司
總 經 銷 / 紅螞蟻圖書有限公司
地　　址 / 台北市內湖區舊宗路二段 121 巷 19 號（紅螞蟻資訊大樓）
電話：（02）2795-3656
傳真：（02）2795-4100

2013 年 2 月第一版　定價 / 360 元　ISBN：978-986-5983-29-1

樂果文化

樂果文化

樂果文化

樂果文化